川普學

DONALD

——我是這樣獲得成功的

TRUMP

李棋芳／著

目次

Part 02 創業

不只製造財富，更贏得人生的創業課

Part 03 談判

打動人心高效川普談判術

Part 04 價值
用狠勁夢想，用智慧達成

Part 05 幸福

幸福，不是財富和GDP

推薦序

「核心能力」VS「專業能力」

一九四六年出生的川普一向是備受爭議的知名人物，尤其是二零一五年六月正式宣布投入二零一六年美國總統選舉共和黨初選，以及大家印象深刻在美國NBC實境節目秀「誰是接班人」中的那句名言：「You are fired！」，儘管大眾對他的褒貶不一，也不管正在閱讀此書的您喜不喜歡他，都不能否認川普在商業及娛樂圈的活躍及成就，而他能夠達到這樣的成就，雖然可歸功於出身於一個富裕的家庭，顯赫的華頓商學院的學歷，但我認為更在於川普具備了令人驚嘆的

「核心能力」。

在我二十幾年職涯，以及拜訪許多上市櫃及產業人士的過程中，歸納出一個人具備的能力可分為「專業能力」及「核心能力」，「專業能力」不用多作解釋，像學校教的法律、財經、物理、醫學……等學科能力都算，但「核心能力」卻很難說得清楚，像抗壓力、團隊合作、系統思考力、積極心等，這些反而是學校沒有專門科目教授，必須自我多方學習的。我的經驗是，有「核心能力」者大多具備「專業能力」（或能善用有專業能力的協力者）；而但有「專業能力」的人卻不一定具備「核心能力」；而但有所成就者多為具明顯「核心能力」，這與一般大眾汲汲於吸取專業能力的認知相違背，但綜觀所有名人傳記及回憶錄，不敢說百分之百，但絕大多數是以核心能力獲致其成就。在此並非說專業能力不重要，而是想要表達像印度知名電影「三個傻瓜」所陳述的：「追求卓越，成功自然跟著來」。

在「川普學：我是這樣獲得成功的」一書中，以五個章節呈現出川普的人生態度，最深得我心的是PART1的「財富的金色階梯不是錢，而是態度和觀念」，這不正是所謂的「核心能力」嗎？作者輔以小故事及引伸出的道理，以淺顯易懂的文字呈現出來，其中完全沒有艱深的術語及難懂的專業知識，只要有心想要奮發向上者，不管學歷高低都能輕易吸收，是相當適合普羅大眾閱讀的一本書。五個章節的五十篇文章，並不是專業的技巧，而是日常存在我們生活周邊的道理，透過作者的細細整理，若是能將之運用於生活之中，我們不會成為另一個川普，但會成為一個獨特的自己。

張獻祥　呂張投資團隊 總經理

推薦序

川普「作秀」般的手法，不僅是一種房地產投資術。

我鑽研川普房地產經營之道多年，逐漸感覺川普式的經營方法並不是只能用於房地產。

這次看到本書，內容豐富，所謂的「川普學」並不只是一門房地產或是投資的學問，而是可以通用在各種產業的一種「人生哲學」。

很多人對川普的印象只停留在地產大亨和善於炒作話題，但如果他只是普通的地產大亨，在一九九零年早該因為房地產衰敗而一蹶不振了，不可能從當時負債數十億變成至今身價近百億；善於炒作話題，不等於譁眾取寵，而是代表他很會掌握人心、懂得操縱媒體風向球，只有這樣長袖善舞的人才有辦法讓全美民眾對他的節目「誰是接班人」買單，並讓他在競選二零一六美國總統大選的民調中逆轉勝希拉蕊。

川普曾經陷入無數次低潮，而他總是能成功的站起來，也許他的行為惹來許多非議，但是我們應該拋開這些，去思考他是怎麼用行為說服美國三億多的人。我曾經告訴別人：「任何時候，請相信自己。」而川普則是這句話的最佳代言人，相信自己的理念，堅持自己的信念，我相信，這就是川普為什麼會獲得成功的原因。

彭培業　現任台灣房屋集團首席總經理

前言

我們經常會因為許多沒有深究或仔細思考過的既定看法，而喪失認識一個人的機會，因而流失汲取寶貴經驗的大好契機，美國地產大亨唐納川普（Donald Trump）就是這樣一個例子。

川普於今年六月份宣布競選 2016 美國總統大選後，向來放膽直言的他，便陸續發表具爭議性言論，引發群眾的注意和媒體關注，甚至在民調上領先其他參選人，這樣的行徑除了他沒有政黨的包袱，最重要的是因為川普擁有鉅富，而這也是他最大的後盾。誠如他所言，他很富有，競選總統不需要募款。其實從宣布參選、黨內初選到進入兩黨競選的階段，還有很多變數，相信川普比誰都清楚，儘管富豪選總統不是沒有前例，但這如果不是懷著夢想和熱情（或許也相信些運氣），試想如果你是身價數十億、已趨七十歲的大富豪，會想投入這不熟悉的領域嗎？

姑且不論他的爭議性是個性使然還是為引發議題，許多人都想了解他如何致富，而他也是少數樂於出書和出席演講來分享祕訣的億萬富翁。根據富比士的評估，今年六十九歲的川普身價四十億美元，但他自己宣稱事實上多好幾倍（一說是九十億美元）。

那麼川普為什麼成為鉅富？千萬別尖酸地說，他承襲父親的房地產事業和資金，所以才成為地產大亨。事實上，他父親建造的是公寓大樓，他從事的是商業或摩天大樓的天價房地產開發案，他在事業開創初期，並沒有錢投資想要的土地或標的物，例如二十七歲初出道時，經過十八個月的努力，終於以二十五萬美元獲得價值六千二百萬美元房地產的選擇權，但那時他連二十五萬美元都繳不出來。

那麼他是依賴良好的政商關係致富？如果真的完全靠勾結，那麼他在一九九零年房地產急速衰退時，又為何會面臨個人負債九億美元，公司負債數十億的財務危機。如果再進一步瞭解他如何在當時正面提出各種解決方案、釋出股權、跟銀行和債權人協商……度過那次若是其他人早已一蹶不起的財務危機，就不難發現他擁有堅忍不拔、樂觀積極、勇於承受壓力的人格特質，這真的值得肯定和仿效。

或許你會說他只是善於製造、炒作議題，進而帶來商機。一個人說話或行事風格的確會影響人們對他的好惡，但如果他沒有掌握住人性，為什麼《誰是接班人》（The Apprentice）一開播就成為收視率最高的節目，不但全美有幾千萬人收看，而且風行世界各國。大眾心中都有把檢視的尺，川普的事業已經經營四十幾年，如果全部依靠唬弄，可以維持那麼久、而且越做越大嗎？事實上，他經常提醒人忠心誠實為上策、處處提防小人、努力工作等，這些都是他在商場上觀察體認到的智慧，難道這些觀念不對嗎？

我們經常以為有錢人不用上班，成天吃喝玩樂花錢，事業都交給部屬管理，錯了！如果你的事業規模越大，越要親力親為、投入越多，川普每天只睡四個小時，清晨六點就起床看報、閱讀（試問多少人做得到？），這不完全是因為他要經營事業，而是他熱愛工作，所以他每天都巴不得趕快起床去上班，因為工作讓他覺得幸福。

傳統的經濟學認為財富等於幸福，但越來越多的研究發現，財富不一定等於幸福，因為財富累積到一個程度後，就不會再帶給人快樂。哈佛心理學家 Daniel Gilbert 在一項全球性的調查中得出結論：「金錢可以購買多少幸福是非線性的，當你從一貧如洗變成舒適的中產階級後，你會感到很幸福；但是當你從百萬富翁變為千萬富翁時，幸福感提升卻很少。」就像川普，他對工作充滿熱情，不是因為他愛賺錢，而是他樂在工作，所以他是一個有錢又幸福的人，因為他找到讓他投注熱情的事。

人生的成功不是單一型態，不要只用財富多寡來衡量，Newsweek 雜誌曾探討過金錢和幸福，哪一個重要？哈佛商學院教授 Howard Stevenson 則在以追求完美的態度經營事業後，發現要接住幸福的球，不在球被拋得多高，而在於要接住每顆幸福的球。也就是說，除了財富，感到幸福快樂的情緒價值也一樣重要，必須好好接住它。認識川普後，你絕對不意外他為什麼要競選總統，那是他把夢想作大、並付諸行動的個性使然，就算二零一六年參選總統不成功，相信他不屈不撓的個性，應該會使他在記取經驗之後，下次再來。而像他這樣勇於改變、構築夢想、不放棄地追逐，不正是許多成功人士或學者們，經常現身說法的事業成功和人生幸福的法則？

態度

PART 01

財富的金色階梯不是錢，而是態度和觀念

做生意是我表達藝術的一種方式

川普是全球聞名的成功建築商，更是舉世公認的商場高手，他甚至把做生意當成藝術，他說：「我喜歡做生意，做生意是我表達藝術的方式，別人以作畫或寫詩完成藝術創作，我則是做生意。」事實上，他能夠盡情揮灑這門藝術，是因為他選對人生目標。他在進入美國和世界商學院排名前茅的「華頓商學院」（Wharton School）就學之前，也曾認真考慮要就讀南加大的電影系，因為他對電影也頗有興趣，但由於熱愛房地產、喜歡漂亮的建築物和做生意，最後選擇進入華頓商學院。

川普認為找到自己真正想做的事會帶來成功，因為那可以讓你樂在其中，而正因為專注在該領域，就會變得專精，進而賺大錢，他自己就是最好的例子。另一方面，他也主張要切合實際，在找到真正喜歡做的事情之後，要審慎考量那是不是自己擅長的事，例如他就不可能涉足電腦科技，因為他完全沒有那方面的天分，無法在那個領域有所發揮。

有句話說：「不是路已經走到盡頭，而是你不肯轉彎！」

現在全球的高失業率，使得工作越來越沒有保障，想要依靠一份薪水維持穩定的生活，是蠻冒險的事。因此，很多人想要創業，但評估大環境、資金、專業能力、時間……等條件之後，難免會心生猶豫，不願放膽嘗試，只好抱殘守缺地困在不喜歡的工作。不過，內心仍然不斷憂慮：「明天可能就要面臨失去工作的窘境，萬一真的失業，該怎麼辦？」其實，不管你現在幾歲，都別再害怕了，要好好認識內心的自己，只要路對了，必須轉彎就不必懷疑。不論你從事哪一個行業，如果你始終對工作、未來不確定，那麼你就該立刻誠實問自己到底喜歡做什麼？這輩子想成為怎麼樣的人？

中國式管理專家曾仕強說，人生只要做三件事，那就是：「知道此生為何而來，這是目標；知道如何完成，這是方法；知道如何做得更好，這是改善。」一真是一語道破經營充實人生的精妙之理，我們必須知道此生為何而來，才能夠確立奮鬥的方向，並努力去實踐目標，同時日求精進，這樣才不會渾渾噩噩地一天過一天。

尋找目標時，可以想想下列的問題：「這輩子如果只能做一件事，我會做什麼？」「我有哪些事情做得比別人好？」「有什麼事情讓我樂在其中？沒有人強迫，我還會做到忘記時間。」不論你得到的答案是什麼，都不必抱持成見，因為這個世界需要各式各樣的人堅守自己的工作崗位。無論你想成就什麼、成為什麼樣的人，都應該全心全意去完成，讓它成為你每天的活力來源。這樣就會創造出跟勉強做著不滿意的工作迥然不同的人生，或許你會因此成為下一個川普、賈伯斯……

> **川普名言**
>
> 「找到自己真正想做的事會帶來成功，因為那可以讓你樂在其中，而正因為專注在該領域，就會變得專精，進而賺大錢。」

這個原因讓我堅持一天只睡四個小時

川普的父親是個熱愛工作且在紐約小有成就的營建商，他每週工作七天，沒錯，周末和假日也在工作，而且在工地時，總是顯得很開心。川普從父親身上學習到熱愛自己的工作，他非常喜歡工作，對他來說，沒有什麼比工作的感覺更好。雖然已經是坐擁九十億美元的大亨，卻每天只睡四個小時，巴不得趕快起床去上班。

然而，川普卻有個朋友由於父親在華爾街賺進大筆鈔票，因而也被迫在華爾街工作，但他一點也不開心，完全無法投入熱情。後來有次機會，他負責了一項豪華高爾夫球場的改建計畫，結果出人意表地，他每天五點就高高興興去球場，最後改建成果比預期好上幾倍。川普勸他轉行，經過一番掙扎，他終於在營建業找回工作的熱情和靈感，同時累積財富。

如果你做著自己喜歡的工作，那麼對工作產生源源不絕的熱情，應該不是什麼難事。不過許多現代人，早就將對工作充滿熱情的那種悸動丟到腦後，正確來說，他們儘管熱情不減，卻已無法燃燒起來了，因為對工作沒有渴望，對老闆、同事、薪水……更是失望。但是，你真的一點都不嚮往擁有工作的熱忱嗎？沒有想過要建立或重拾對工作的熱情嗎？

拿破崙希爾在耗時二十五年完成的《思考致富》一書中提到，致富的第一步就是渴望，而渴望也是一切成就的起始點。我們必須對工作有渴望才能產生熱情，所以你必須先找出沒有渴望的原因，而下列這個故事或許是很好的說明。

某地，一條商店林立的商店街，有一天凌晨發生大火，所有的店舖都被燒毀，於是店家們開會商討是否要重建，或是乾脆遷移到其他更繁榮的地區。最後大家同意搬離，除了其中一位店家決定留下來，這位店家表現出破釜沉舟的決心並告訴他們：「我要從這裡重新開始，就算再燒毀幾次也不怕，我一定要在這裡蓋全國最大的商城。」後來，這裡果然屹立著全國最大、最高的商城，再次創造繁榮並維持長遠。

看出來了嗎？對願景的渴望和極大的決心就是熱情的火種，可以讓你即使面對焦黑的土地也能再燃起重建大樓的熱情。你或許是個覺得工作和生活已然失去意義的上班族，那麼你也可以再規畫工作願景，例如：「我要從現在的工作中有更多的學習和表現，以博取升遷（或調薪）的機會（或是兩年後自己創業）。」如果你已經創業了，就可以訂出全新大膽的營業目標並寫下具體數據。新願景是為了自己，不為別人，讓自己對未來充滿渴望，這樣一定能再找到對工作或事業的熱情。

川普名言——「沒有熱情就沒有能量，沒有能量就沒有一切。」

對我來說沒有做不到的事

由於喜歡打高爾夫球，讓川普興起建造並經營高爾夫球場的念頭，現在他興建的高爾夫球場已經遍及全世界。但在二零零二年打算接手洛杉磯的一座高爾夫球場（即現在川普國際高爾夫球場的前身），卻是一項高難度的挑戰，因為他必須花六千一百萬美元的鉅額修建坍方的第十八洞，但他買下那片土地才花了兩千七百萬美元。

那是個面向太平洋擁有絕美風景的高爾夫球場，川普將其視為藝術作品，並決定克服一切困難投資它。他請來高爾夫球場領域裡的頂尖設計師重新設計，除了花費六千一百萬美元修造第十八洞，還拆掉三十棟每棟價值一億美元的房子，才能挪出適當的空間實現所有的設計。最後川普總共花了二億六千五百萬美元，中間還陸續克服無數的問題，才成功將它重建成景色壯麗的頂級高爾夫球場，每年麥克道格拉斯和友人的專業名人賽都會在這裡舉行。

千萬不要害怕挑戰困難，因為困難是機會的孿生兄弟，我們的人生不可能風平浪靜，一點困難都不會遇到，如果你一遇到困難就繞路，就好像遊戲中，總是躲在角落，不敢和魔王正面交鋒，這樣又怎麼能晉級過關？而且困難會像魔王般一路進逼，你根本就無法躲，但其實你只要全心全意面對，結局就會有不一樣的可能，而人生又何嘗不是如此？

我們可以從挑戰不可能當中培養解決問題的能力、學習到克服困難的經驗，而這也是改變命運、創造財富的契機。例如分別於二零零八年以酒釀桂圓麵包、二零一零年以荔枝玫瑰麵包拿下世界麵包大賽冠軍的吳寶春，二十六歲時立志要參加世界麵包大賽，因為他希望自己能夠走向世界舞台，挑戰更高難度的技術，經過十幾年兢兢業業的摸索和努力，最後終於達成目標，贏得令人折服的成功，開創了夢想中的全新人生。

吳寶春說：「除了麵包，其實我一無所有。」他十二歲父親就過世，家裡頗為貧困，小時候會躲到空教室吃便當，不讓同學看到他便當裡只有一點點白飯和青菜，國中畢業時認得的字不超過五百個，後來是當兵時學弟教他讀書識字。他是成功挑戰不可能為人生帶來轉機的最佳例證之一，我們每個人都可以做到，只要勇於挑戰困難，改變人生的可能性就越高。面對挑戰時，不論靠意志力、能力或像川普一樣加上財力去打造不可能，所克服的困難越多，只會證明你的一生越成功。

川普名言

「六千一百萬美元修造第十八洞，只是克服萬難的開頭。」

學習理財，讓錢為你做事

川普很贊同安迪沃荷的名言：「賺錢的生意是最棒的藝術。」同時川普也說：「所有的事都跟賺錢有關。」他的意思是，我們身處於資本社會，無論你在學校主修什麼？工作是什麼？都應該要去上或自修一些財經相關課程，因為理財能力對人生非常重要，而且全球的經濟休戚與共，當金融市場或銀行出現問題時，全美甚至全世界都會感受到它的影響力。

川普認為我們每個人至少每天要閱讀網站的財經新聞，持續注意市場的變化，看看美元、歐元、日元的匯率，學會看圖表和趨勢，千萬不要再說「我對金融市場不感興趣。」好像金融跟你沒關係一樣。

過去的教育制度沒有教我們如何理財，所以我們必須自行探索理財的方法和真諦。然而，理財卻是種人生規劃，不管錢多錢少都要理財，每個人都應該學會理財。或許你正身處錙銖必較的生活窘境，或做生意缺資金，因而感受到金錢的壓力，那麼這時你就更應該將財務上的逆境，當成認識和學習理財的最佳時機，讓自己從此以後不要再做金錢文盲。

你是不是天天辛苦工作，但卻不知道錢都花到哪裡去了？更認為錢乃身外之物，人生應該追求更高的境界，有錢就花，沒錢就不要花，理財幹什麼？我們都聽說過錢不是萬能，沒錢萬萬不能的道理，其實仔細想想，會覺得這句話很有道理，生活中小到喝杯咖啡、大到成家立業哪一樣不需要錢，錢跟我們的人生可是息息相關的。

一位知名的模特兒剛入行時，因為收入不穩定，依靠信用卡生活，不知不覺欠下數十萬塊卡債，借貸度日的惡性循環，讓她下定決心要趕快還清卡債。從此生活省吃儉用，一件衣服也不買、一杯咖啡也不喝，硬是將每個月賺到的錢都拿去繳給銀行，兩年後終於還清卡債。之後她強迫自己儲蓄，並跟父母合買房子，幾年內，先後買賣過三間房子，累積了數百萬的資產。在房地產賺到錢之後，她接著開始投資基金，開啟另一扇累積財富窗戶，真正讓錢為她做事。

其實，低薪一樣可以理財，不要認為那微不足道，只要理財有方，就可以像上述的名模一樣，不僅從負債中更了解省錢之道，更學會投資理財。或許你的生活真的很忙碌，每天為了工作已經身心俱疲，一點學習的動力都沒有，投資理財的書買回來了，卻始終沒翻開過。如果是這樣，或許你可以善用網路，通勤時間利用手機上網涉獵財經知識，此外，也有許多投資理財的網路課程或相關網站、部落格，你可以先從這些平台下手，強迫自己學習理財，過一段時間，說不定會培養出理財興趣，進而更深入學習，讓你透過理財慢慢改善生活，走向富足幸福的人生。

川普名言

「千萬不要再說『我對金融市場不感興趣。』好像金融跟你沒關係一樣。」

擴張式的思考法有很多好處

「看見還有什麼是可能做得到的事情，並讓它成真。」這就是川普所謂的擴張式思考。有次他為在加州建造的高爾夫球俱樂部，其中的宴會廳只可容納不到三百人而感到煩惱，因為人數太少的話，許多活動無法在此舉辦，管理團隊因而打算擴建大樓，但這還要再花幾百萬美元和更多的時間，同時在施工期間還要停業好幾個月，減少數百萬的營收。

但是當川普和大家在這裡開完會，所有人準備起身時，他發現有一位女士很難從椅子上站起來，因為椅子太大了，她無法將椅子挪開，他因而想到：我們需要小一點的新椅子。這個想法讓他省下原本要擴建的費用，而且座位空間又變大，因而可以容納四百四十人以上。川普認為像這樣在思考流程中不斷發現還能再包括、補充什麼，讓思考更全面化的擴張式思考模式，是我們面對任何事都可以運用的，尤其在工作上，若再加入全球觀點的變化因素，將會帶來遠見和無數的創意。

美國心理學家吉爾福特（J.P.Guilford）發現人類遇到問題時，會有擴張式思考（Divergent Thinking）與收斂式思考（Convergent Thinking）兩種主要的思考模式。台灣的教育訓練，很容易教導出只習慣於收斂式思考的人，一遇到問題，就會用既有的思考模式去解決，因而只會有「正確答案」或想出非常少的解決方案。

千萬不要讓收斂式思考成為你的習慣，而是要積極培養面對任何事情，會從縱向和橫向去擴張思考的能力。在神經學上發現一個現象，習慣的神經迴路一旦形成，就很難消除，即使很久不再做同樣的一件事，習慣仍然偶爾會出現。但是，如果你養成的是好習慣，那麼這將會型塑你很好的人格。有人比喻戒掉壞習慣就像太空梭發射，最耗能量是在脫離地心引力的最初幾公里，因此，只要你努力養成擴張式思考的習慣，擺脫窄化思考的牽絆，你會對很多事情的看法更開闊、靈活，接下來的路就會寬廣很多。

回顧人類文明的五個階段：從狩獵採集時代、農業時代、工業時代、知識時代，進展到現在的智慧時代。資訊的快速交流已經讓我們邁入全球化的時代，我們每一個人都很難置身地球村之外，例如投資客不止投資國內房地產，現在漸漸開始投資日本、越南、緬甸等地的房地產，就是一個很好的例子。吳寶春說：「英文跟做麵包是同樣重要的事。」如果將這句話以擴張式思考來檢視，就會發現這句話不但強調了英文對工作成長的重要性、是工作競爭致勝的關鍵性，背後也傳達出培養全球觀點的迫切性。快速進步且各種可能紛呈的世界，已經不容許我們繼續只看見自己的肚臍眼，以擴散式思考看待問題、面對工作和生活，擴散出的將不只是思考和創意，更會有夢想成真的精彩人生。

川普名言——「在思考流程中不斷發現還能再包括、補充什麼。」

面對壓力你該有不同的做法

川普的事業歷經過大起大落，一九九零年初期，由於房地產急速衰退，使他欠下數十億美元的債務，各大銀行更是毫不留情地窮追猛打，讓他瀕臨破產邊緣，因而承受龐大的壓力，但是他完全沒有退縮，甚至還能夠跟銀行開玩笑：「當初我就說，那根本就不是一項好投資，你們實在不應該把錢貸給我，讓我負擔了那麼驚人的高額利息。」

但這次的經歷，卻讓川普學會應付壓力的方法並體認到其所產生的力量。當時他債台高築，許多人都在看他好戲，希望他被完全被擊跨，但某個晚上，他回到辦公室看到會計還在工作，因而恍然大悟：即使面對喘不過氣的壓力，也不必將專注力全部集中在壓力上，這樣只會讓壓力更大。於是他決定轉移注意力——他跟大家說明日後有趣的開發案，成功轉移注意焦點，同時也帶給大家美好的希望。

如果你是一名運動員，你的目標理所當然是要在比賽裡拿金牌。同樣地，理財和經營事業也一樣，你要不斷超越自己，以拿到金牌為努力的目標，但在理財和經營事業的過程中，難免會遇到困境、承受壓力，這時就要像運動場上的運動員一樣，能夠在短時間之內應付巨大的壓力，越是優秀的運動員越能夠在壓力下表現傑出，因為成敗就在一瞬間。

二零一五年的世界拳王爭霸賽中，三十八歲的美國拳王梅威瑟（Floyd Mayweather）和三十六歲的菲律賓拳王帕奎奧（Manny Pacquiao），激烈地打滿十二回合（每回合三分鐘）都沒人倒下，最終裁判評分判定梅威瑟勝出，他除了保持住生涯四十七戰全勝的紀錄，據估可獲得約一億兩千萬美元的收入。這場世紀賽事應該是傑出運動員在短時間承受壓力最好的例證，堅持三十六分鐘後，梅威瑟不但成為世界拳王、更坐擁數十億的鉅富，但那可是身心都要承受極大壓力和痛苦的比賽。

近年來，馬拉松已經成為全民運動，而深究其原因，大多是因為跑步可以不斷超越自己、挑戰極限。馬拉松比賽的國際標準長度全程為42.195公里，跑完全程大約四個半到七小時的時間，的確需要高度的耐力和堅持不懈的精神才能完成。

跑者經常是孤獨的，從起跑點出發後，便無法預期一路上會遇到什麼狀況，所有的痛苦只能自己承受，但終究要跑到終點才算完成，一念之間放棄就全部歸零。儘管完成時間的多寡是進步與否的指標，但每一次生理上痛苦到彷彿無法再跨出下一步時，仍然不願放棄的跑者，才是真正的勝利者。就像川普，假如他在面對瀕臨破產的壓力時放棄了，那麼他的人生大概會從此一蹶不振。因此，不論在運動場或理財人生的路上，我們都必須戰勝痛苦和壓力才能了解自己超越極限的能力，找到贏取無形金牌的卓越之路。

川普名言

「即使面對喘不過氣的壓力，也不必將專注力全部集中在壓力上，這樣只會讓壓力更大。」

川普大樓是這樣蓋起來的

位於名牌林立紐約第五大道入口的川普大樓，是紐約市最熱門的景點之一，但在一九八三年啟用前，卻是一個打從一開始就讓川普覺得困難重重的案子。他首先花費三年的時間接觸地主，三年中不斷寫信、打電話向地主詢問，苦苦等待三年，終於得到地主的回應。接著，他擔心有人會拆掉旁邊的 Tiffany 珠寶店另外蓋摩天大樓，擋住川普大樓的景觀，因此他又說服 Tiffany 珠寶店讓他買下他們的空中權。

買下 Tiffany 珠寶店的空中權之後，還有另外一個難題。由於紐約市政府規定，大樓的後方要留有至少三十呎的開放空間，所以川普必須向 Tiffany 珠寶店買下一塊地，不然就必須改設計，但地主不願意賣地，最後大費周章地經過一番奮戰，在雙方都有利的條件，以一百年的租期租到那塊地。現在川普每次聽到別人讚賞大樓的美，就會很開心並想起興建大樓所經歷的艱辛，更慶幸發生在自己身上神奇的專注力量，正是有了那股專注，再高的樓都蓋得起來。

馬克吐溫說：「只要專注於某一項事業，那就一定會做出使自己感到吃驚的成績來。」他每天早餐之後就進書房寫作，一直進行到傍晚五點（他沒有午餐的習慣）。事實上，成功並不可靠，具有專注力才能長久，我們萬不可一直模糊地看著遠方的成功，而是要著重在眼前該做的事，且凡事踏實地去完成。周星馳說：「我要很努力，很努力，才會有那麼一點點成功。」專注又何嘗不是這樣？要很專注，很專注，才會有那麼一點點成功，保持專注，面對問題時才能冷靜思考，將自己的實力發揮出來。

有一個人要將一塊木板釘在牆上當告示牌，但是他覺得木板不夠方正，於是找了把鋸子來鋸木板，才剛剛鋸下去，又覺得鋸子不夠銳利，又找來銼刀磨鋸子，隨後又發現銼刀沒有把柄不好握，磨起來太慢，便想去樹林裡砍小樹做把柄。接著他找來一把斧頭，準備去砍樹時，卻又覺得斧頭太鈍，只好再把磨石拿來，但又必須把磨石用木條固定，才能磨斧頭，這時就要用到木匠用的那種長凳。正當他想去買長凳時，心想這樣太耗時了，決定改天有出門再一起買，最後那塊木板始終沒有釘上。

相信許多人可以從這個故事看到自己或周遭人的影子，不論生活、學習、工作，或是人生規劃，我們常像故事中的主角一樣，無端生出許多旁枝末節來干擾自己。不但偏離原來目標，更讓事情變得越來越麻煩，最後乾脆就放棄。所以，千萬不要小看專注的力量，若缺少它，人類或許還在一到夜晚就要依賴燭火照明的時代，正是因為有了專注，照亮我們人生和世界的明燈才會被點燃。

川普名言——「正是有了那股專注，再高的樓都蓋得起來。」

沒有人贊同我錄誰是接班人

當《誰是接班人》節目製作人馬克伯奈特（Mark Burnett）找上川普，提議要製作真人實境秀節目時，他立刻欣然接受。其實，很多人邀請過他參與真人實境秀節目，他都不感興趣，會答應伯奈特是因為川普之前看過他工作時專業認真的情景，對他印象良好。此外，川普也要求節目要有教育意義，否則他就不答應演出，最後兩人相談甚歡，決定要合作這個節目。

答應後許多人勸川普不要接這個節目，認為他太冒險了，結果一定會一敗塗地，影響他的企業聲譽，甚至告訴他：「百分之九十五的節目都不會成功，這是你作過最錯誤的決定，你會成為眾人的笑柄！」當時川普力排眾議，選擇以正面思考來決定這件事，他自問：「如果節目成功了？」、「如果我很喜歡？」、「如果節目非常具啟發性？」、「如果節目能讓川普集團得到更多肯定？」播出後證明節目很成功，川普大受觀眾歡迎。

企管專家保羅史托茲（Paul G. Stoltz）博士以「AQ」（逆境商數，Adversity Quotient）來表示一個人挫折容忍度及解決問題的能耐。愈能積極樂觀面對逆境、接受困難的挑戰、找出解決問題的創意方案，AQ就會愈高。然而，AQ不是天生的，儘管AQ的高低會決定你如何思考？採取哪些行動？但卻可以利用正面思考來提高AQ，尤其現在大環境不景氣，不論你有沒有工作，每天要面對的突發狀況不但愈來愈多，種類更是層出不窮（已經不只是像川普抉擇是否要承接節目那樣的問題），但這都可以依賴正面思考迎刃而解。

有一隻小蝸牛問媽媽：「為什麼我們要一直背著重重的殼？」媽媽說：「因為我們的身體沒有骨頭可以支撐，所以我們需要殼的保護。」小蝸牛又問：「毛毛蟲姐姐也沒有骨頭，為什麼她就不用背著重重的殼？」媽媽回答：「因為毛毛蟲變成蝴蝶後，有天空保護她。」小蝸牛還是不明白，繼續問：「蚯蚓哥哥也沒有骨頭，為什麼他就不用背著重重的殼？」媽媽回答：「蚯蚓哥哥會鑽土，有土地保護她。」於是小蝸牛跟媽媽哭訴：「我們好可憐，沒有天空和土地保護我們……」媽媽安慰她：「我們有殼可以保護自己，所以不依賴天空和土地的保護。」

正面思考就是讓人保持樂觀、安然度過困境的殼，遇到不如意時，正面思考會阻止你怨天尤人，因為抱怨過後，往往只會讓心情更低落。正面思考在挫折中，會提醒我們凡事先看優點，從挫敗中找優勢，例如自問「我還擁有什麼？」、「我可以從失敗中學習到什麼？」還有，懂得正面思考的人保持樂觀，會將一時的不順遂當成邁向成功的養分。例如今年沒考上理想學校，可以明年再來，讓自己不斷為成功而努力。

川普名言——「以正面思考來決定，才有《誰是接班人》的成功。」

除了正面思考，你不要忘了壞事往往會發生

在推崇正面思考之外，川普也相信負面思考的力量，可以阻止人們過度樂觀。他深切知道，不論從事什麼行業，我們都不可能始終安安穩穩，完全不會遇到問題。相反地，生活中經常會出現許多讓人無法掌控的情況，例如：你不一定能談成交易、客戶不一定會對你滿意、重要的官司不一定會打贏、跟你打交道的人可能居心不良……因此在正面思考之餘，川普仍然會理性地做好一切最壞的打算，這反而是一種自我保護。事實上，不利於你的事情很可能會發生，最後也往往確實發生了，這時你就會領悟到負面思考所蘊藏的智慧能量。

如果說正面思考是邁向成功的油門，負面思考就是煞車，可以平衡我們的思考。事實上，一點也不需要為負面思考感到羞恥，很多時候，這反而是讓人面對現實的力量，可以修正不當的正面思考，讓人不至於過度美化現狀，等到必須面對現實時，反而選擇逃避。

卡內基在《如何停止憂慮，開創人生》一書中，介紹了解除憂慮的方法：

第一、問自己：「這件事能造成最壞的結果是什麼？」

第二、在心裡試著接受這個結果。

第三、如果事情已經發生了，要怎麼改善呢？

這個方法說明了負面思考的作法和其所產生的力量，能夠讓人認清事實、接受事實並積極面對問題，進而消除煩惱。負面思考可以防範問題的發生，讓你隨時提醒自己不要過度鬆懈、過度樂觀，這樣將有助於你度過低潮，讓生活不會因為憂慮而變質。許多自我要求過高的人，往往不願意運用負面思考，吃力地承擔起超重的任務，形成身心極大的負荷，這時只要在心裡問清楚上述三個問題，然後適度地把工作分出去，就可以享受被人幫助的幸福，一個人不要只懂得施，還必須高興地接受別人施予的幫助，這是人際關係裡很好的潤滑劑。

還有，現代社會許多女人都希望尋找到高富帥的對象，但事實上，很多男人都不符合標準。這時男人們可以選擇積極進取，全力以赴來滿足這樣的條件，或是認清事實，接受自己除了身高不到一百七十公分、是個很難翻身的受薪階級、外型也不夠帥氣，就算在穿著打扮上作改變，頂多也只能算是個型男的事實。這樣的心態反而更輕鬆，因為你可以自在地做自己，而且在選擇對象時，可以篩選掉喜歡三高標準的女人，找到真正欣賞並適合自己的對象。綜合上述，我們可以更有信心地善用負面思考，除了有助於看清事實、防範問題、對付壓力外，更可以在人際關係上發揮圓融的效用，是讓人更加適應環境的思考利器。

川普名言

「不利於你的事情很可能會發生，最後也往往確實發生了，這時你就會領略到負面思考所蘊藏的智慧能量。」

你和我都是生活的表演者

川普認為一個人無論置身任何行業，在面對生活和經商時，絕大多數的時間都和表演有關，他認為以表演的角度來看待生活和工作，有非常大的好處，包括處理人際關係、談判、公關、銷售等各方面的事務，而且不論你的觀眾是辦公室會議桌上的四個人或是演講會裡的四萬人，都能夠運用表演的技巧。

他主張首先要先找到跟觀眾之間的共同話題，即使是聊天氣也是很好的開場，因為不論你是億萬富翁或上班族，嚴寒的天氣都讓人感到辛苦。川普更認為許多機遇都是聊出來的，尤其在應徵時，許多應徵者所學大都一樣，資歷也差不多，最後被錄用，往往是和面試者有共同興趣的人，而這都是面試時聊出來的，這就是川普所謂的表演——透過觀察了解對方，然後表現自己。最後，表演者平時就要不斷充實自己，隨時隨地準備做好一個讓觀眾驚豔的人。

如果你還年輕，人生就是一場選秀表演，因為想在選秀中一鳴驚人；如果你正值青壯年，人生將是場精采電影，迅速移動的電影畫面訴說著你人生的不安和律動；如果你已步入老年，人生則是一場莎士比亞的戲劇，舞台上的演員演繹著熨燙內心的人生智慧。一場又一場的表演，你看著別人，別人也看著你，我們都既是觀眾也是演員，同時給別人評分也被人評分。或許站上舞台後，你有沒有準備、演技的優劣，觀眾一覽無遺，但說穿了，你真的想當台下觀眾心目中的最佳男主角、女主角？或是你自己心目中的佳男主角、女主角？相信每個人的答案都不一樣。

被形容是「瑞典送給好萊塢一個燦爛的禮物」的國寶級女演員英格麗褒曼(Ingrid Bergman)，從小就希望能夠成為優秀的演員，但家人不是很認同她的志向。十八歲時，她央求家人讓她去報考斯德哥爾摩皇家戲劇學校，考試那天，她在台上演到一半就被請下台，這讓她非常難過。回去後，她很想自殺，但走到河邊，因為河水太髒只好回家，打算第二天去買毒藥自殺，於是當天晚上她先把遺書寫好。第二天早上，她要出門時，郵差送來皇家戲劇學校通知她錄取的信，她有點不敢相信，於是親自到學校去問個明白，評審團主席告訴她：「因為妳演得太好了，我們都覺得妳不用再演了，直接錄取妳。」

有時候，真實的人生比戲劇裡的情節更曲折。演員們可能在舞台上演著別人的人生而得到喝采，但屬於自己的人生舞台，才真正值得揮灑，不過也或許會出現像上述故事的誤會，其實你演得很好，自己卻不知道，還一味地想走下人生的舞台，所以，何不一輩子當自己最忠實的觀眾，為自己的努力給予滿滿的喝采。

川普名言——「面對生活和經商時的表演是，透過觀察了解對方，然後表現自己。」

讓事情變簡單，是最困難的事

《誰是接班人》每週的節目最後，川普都會在會議室中開除一個人，為了避免被開除，參賽者們會在這時候相互攻擊。事實上，這段節目內容往往是從參賽者數小時的爭辯中剪接出來的，沒有呈現在觀眾眼前的內幕、故事和觀念多到無法想像。

節目播出時，觀眾欣賞到的是最重要的論點，也就是說，這些重點重要到讓川普和顧問作出決定，因此這些重點之外的那些言論，就顯得不那麼重要，甚至微不足道。而這就是化繁為簡的能力和重要性，這樣才能將重點聚焦。化繁為簡可以是行事作風或說話的方法，行事乾淨俐落和說話切中要點，不但容易獲得別人的認同，更能展現出你頭腦清楚、思路清晰。

賈伯斯說：「追求簡約比複雜還要困難，為了讓事情化繁為簡，你必須不斷努力，讓自己思考簡潔，不過，所有的努力最後終將值得，因為屆時你的力量足以移山。」資訊爆炸的時代，不論是實體或虛擬世界，充斥著各種言論、資料、書籍、報章、雜誌……多到消化不完，這時化繁為簡的能力就非常重要，但誠如賈伯斯所言，這並不是容易辦到的，因為你必須先有一顆思考簡潔的腦袋，也就是說，你要能夠去蕪存菁，掌握「少」就是力量的原則。

如果你手上已有三個企劃案，早上開完會又進來兩件新的案子，你接著要同時進行五件案子，這時要怎麼辦？其實，愈複雜的事愈要用簡單的方法去化解，這經常會得到意想不到的成效，因為在將複雜化為簡單的同時，除了防止你手忙腳亂，也是在整理思緒和調整事情的程序，這樣可以將力氣花在重要的事物上，獲得事半功倍的效果。

那麼什麼是簡化的方法呢？任何一個領域的人，都需要具備良好的邏輯思考能力才能夠把工作做好，然而，邏輯思考是可以訓練的，它可以幫助你將片段知識整合起來，並快速找到重點。專家建議，最簡單訓練邏輯思考的方法就是透過寫作，一開始試著先從自己喜歡或擅長的事物開始著手，例如，你很喜歡騎自行車，就寫一些教人家騎自行車的文章，這樣可以有效訓練組織力，漸漸地，你就會知道如何化繁為簡地過濾資訊，並將事情簡單扼要地說給別人聽。

接下來，試著開始寫一些議題性的文章，例如探討外派工作面面觀，並加入你的觀點，同時也作反面的思考，最後再作出結論，這樣的訓練能夠讓你的思考面向和角度更加完整。此外，你還可以利用心智圖軟體來作知識管理，心智圖視覺化的思考介面，能夠快速幫助你組織內容想法，對想創意、寫企劃、作決策和進行分析等工作，有很實用性的幫助。

> **川普名言**
>
> 「化繁為簡可以是行事作風或說話的方法，行事乾淨俐落和說話切中要點，不但容易獲得別人的認同，更能展現出你頭腦清楚、思路清晰。」

一件外套也可以上新聞

有一次川普在洛杉磯有一場一萬多名觀眾的演講，他提早到半個小時並請後台一位工作人員幫忙把外套熨一下。但是到演講快開始時，外套還沒有送回來，他趕緊去問那名工作人員，得到的答案是他的外套被送到附近的飯店處理，還沒有處理好。川普原來只是要這名工作人員用蒸氣熨斗燙一燙，沒想到外套會被送到飯店去，這時生氣一點用也沒有，只好穿著他保鑣的外套上台，但保鑣的外套稍微大一點。川普上台後跟聽眾們說明剛才在後台發生的事情，並向大家致歉，當天晚上的演講進行得很順利，儘管川普因為外套的事有些不悅，但他決定算了，不再去想。結果沒想到，第二天洛杉磯各大報的頭條都刊登他的照片和故事。不過，川普立刻轉換心情去看待這件事，他認為媒體喜歡富翁丟外套的故事因而大幅報導，其實也是對他個人和公司很好的宣傳。

哈佛大學心理系教授韋格納（Daniel M. Wegner）提出的「白熊效應」，證明一個人越是希望抑制某個想法與行動時，這些想法與行動的相關記憶就越會在腦海中揮之不去，例如：你失戀後，很想忘記那個傷害你的人，可是你越是想忘記，就越會一直想起。因此，克服「白熊效應」最好的方法就是轉換心境，而不是壓抑，這樣才可以讓事情真的放下，不會繼續在心裡糾結。而且有時候，轉換心境甚至能將原本的不愉快或困難，轉化成幫助我們更快樂或邁向成功的能量。這是怎麼回事呢？一起來看下面的故事，就立刻能夠明白。

有一隻驢子，不小心掉進枯井，一名路過的人聽到驢子在井裡大聲哀嚎，便想盡辦法要救出驢子，但幾個小時後，驢子依然在井裡。最後，路人決定放棄，不過他想還是得把枯井填起來，以免又有人或動物掉下去。於是路人開始把泥土鏟進枯井，一開始，驢子在井裡哭泣，但過了好一會兒，卻安靜下來了。路人便好奇地探頭往井底一看，沒想到驢子正站在土堆上，原來驢子將蓋在它身上的泥土抖落到井底，慢慢堆高後，他就站上土堆。最後，驢子利用土堆逃離了枯井。

同樣地，面對生活中的不愉快或困難，如果你願意轉換心境換個角度去看待，這些不愉快或困難，反而會幫助你脫離生命的枯井。當然轉換心境不是自欺欺人的阿Q精神，而是試著用更理性的態度好好去審視自己的內心，在確實經過一番探索和分析後，所產生的那種正面心情或想法，才能讓你真的感到平靜，不會再受不愉快或困難所羈絆，而真正邁向樂觀豁達。

川普名言

「轉換心情看待，長期看來，任何報導都是對個人和公司很好的宣傳。」

創業

PART 02

不只製造財富，更贏得人生的創業課

創業是一場屬於自己的球賽

「創業是一場屬於自己的球賽。」這是川普的創業主張，但雖說這是自己的球賽，仍然要遵守場地規定、比賽規則，至於球賽要怎麼打，則完全操控在自己手中，而這種自我掌控的自由，就是創業最吸引人的地方。川普從自己的經驗深刻體會到，一旦擁有了自己的事業，就很難再去為別人工作。不過這並不代表經營事業是輕鬆的，想要獲得掌控事業的自由是要付出代價的，因為那表示你每週工作時數無上限，而且要不斷學習知識和學問，同時所有事情的責任都在你身上，你是風險承擔者。

對川普而言，他很喜歡承擔創業的責任，因為那帶給他力量和能量，他認為如果你不喜歡那種壓力，可能就不適合創業，而這也是他不鼓勵每個人都去創業的原因，他建議想創業的人都要先評估自己適不適合？最簡單的方法是自問是否具備以下這兩個條件：

第一、你是否對你希望從事的行業非常熟悉？

第二、你是否有努力投入的勇氣和決心並且負起自己打理一切的責任？

管理大師彼得杜拉克認為「創業精神是一種行為，而非人格特質。」、「創業家視改變為規範，並因應改變，把它當成一種機會而加以利用。」也就是說，如果你開一家傳統麵店，那只能算是開創事業，並不是彼得杜拉克所謂的創業。除非你為麵店的經營注入願景、深入思索消費者所重視的價值、並應用創新的行銷手法打開市場，這樣才是創業。

那麼不怕改變、擁有創新精神就是創業家了嗎？事實上，一但遇到資金周轉的尷尬問題，就是足以把創業家從雲端拉到地獄的殘酷事實，然而當資金威脅到事業的存續時，到底要放棄或繼續？往往是對創業家智慧和運氣最大的考驗。關於這點，星巴克創始人霍華舒茲（Howard Schultz）的創業故事或許可以提供值得深思的答案。

霍華舒茲原來是星巴克咖啡[1]的行銷經理，他加入星巴克正是因為熱愛星巴克咖啡豆，覺得這是上帝的手所創造的

1 當時的星巴克成立於一九七一年，只經營咖啡豆、茶葉和香料的販售，並未提供現煮咖啡。

咖啡豆，因而想將星巴克咖啡的美味介紹給美國消費者。但後來由於他力勸公司不要只賣咖啡豆，應該開咖啡廳和更多人分享星巴克咖啡的主張被拒，便決定離職自己創業。

霍華舒茲剛開始時舉債創業，花了兩年的時間，經營著三家始終沒有盈餘的咖啡廳，但這時他一直嚮往的星巴克咖啡忽然高價求售，他借了一大筆錢收購下來，並將他原來的咖啡廳改名為星巴克咖啡，進而在往後的日子裡，締造了星巴克的傳奇。我們可以發現創業家經常會在重要時刻，激發破釜沉舟的勇氣和決心，同時發揮冒險拓荒的精神，當初霍華舒茲應該思考過借錢買星巴克咖啡，萬一事業失敗怎麼辦？只是他不在乎，他憑藉著對咖啡行業的熟悉度，判斷要抓住這個機會，最後決定繼續往前走，而這次的冒險，成功開啟了他遍及全球的事業版圖。

川普名言

「創業是一場屬於自己的球賽，不過仍然要遵守場地規定、比賽規則。至於球賽要怎麼打，則完全操控在自己。」

找到專屬你的良師

創業模式已經成為全球仿效典範的川普，美國的《商業週刊》甚至以「川普點石成金」的專題報導他，但他的事業在一九九零年，受到房地產急速衰退的影響，負債曾經高達九十二億美元，當時他以高度的抗壓性和堅毅的精神克服難關，東山再起之後事業比以前更成功，因而，堅持不放棄的精神可以說是川普在創業上的良師，一路指引他走向正確的路。

另外，川普也認為經營事業如深入險惡海域，旁邊圍繞著對你心懷不軌如鯊魚般險惡的人，因此你對任何知識絕對不能無知，而這就是創業的另外一位良師，那就是你創業領域裡的專家，你必須要將他們當成良師益友，有問題就親自去請教他們。萬一無法擁有良師組成的智庫，也可以固定向某位你很尊崇的專家或老師學習。當然，如果真的完全沒有跟這些專家接觸的機會，自己有紀律地不斷學習研究相關的學問和知識，也會有很大的幫助。

現在是知識經濟的時代，我們都必須更倚重知識和技能，只學一門學問已經不足以在現代社會上生存競爭，舊知識不斷的被新知識取代，所以掌握知識的人才能真的擁有力量。在工業時代人們以製造產品為主要的謀生技能，而隨著時代的進步，現代社會裡只有有限的人能依賴生產技能維生。現今即使是生產產品，也要加入知識和新意，才能讓產品傳達出不同訊息，具有競爭力。所以，「學習」在這個時代，已經如空氣般重要，不過幸運的是，資訊的發達也讓學習如呼吸空氣般方便。

對於學習，現代作家魯迅有一個很符合現代社會的看法，他說：「學習專看文學書，也是不好的。以前的文學青年，往往厭惡數學、理化、史地、生物學，以為這些都無足輕重，後來變成連常識也沒有。」過去的時代只有文學青年沒常識，會讓人覺得不足，現在則是一般人如果沒常識，不但會被別人笑，自己也會覺得羞愧。很顯然地，學習不再只是學生的事，如果不學習就可能被工作、被社會淘汰，甚至會影響社交生活，因為如果你沒有知識和常識，很可能會言語乏味，而且也聽不懂別人在談的事情，那麼漸漸地，你在別人面前就會變成隱形人。

儘管創業家工作時間無上限，但是每天面對千變萬化的事業，除了要對所屬行業瞭若指掌，更要持續關心社會的潮流和世界的脈動，就像川普，他每天只睡四個小時，清晨六點就起床讀書、關心全球時事；華人首富李嘉誠也是，前一天不管幾點睡覺，第二天一定會在五點五十九分起床，開始他一天關心世界的生活。對一個創業家而言，學習的環境無所不在、學習的領域更無需設限，因為知識是力量、是創業良師，它可以在重要的時刻改變個人和企業的命運。

川普名言

「經營事業如深入險惡海域，旁邊圍繞著對你心懷不軌如鯊魚般險惡的人，因此創業領域裡的專家就是你的良師。」

自我就是值得經營的品牌

川普有一位朋友也是億萬富豪，有一天，這位朋友打電話來，請他幫忙在某一家知名餐廳訂位，因為這個朋友雖然成就非凡，但平時行事低調，而且個性有點內向害羞，總是不願意告訴別人他的名字，也不大與人分享他的成就，因而才會沒有什麼人認識他。而這件事情引發川普思考一個問題：「像他這麼有成就的人，連在餐廳訂位都有困難，那麼他的成就有何意義？」

極度適應媒體生態並善用媒體宣傳效益的川普，與這位朋友的作風截然不同。川普在媒體前的發言經常十分具爭議性，因而引起大眾的注意和討論，此外，他更會在出席各種場合時，讓別人認識他，同時也結識許多人，為公司和自己打知名度。他的川普大樓、電視節目、他的口頭禪「你被開除了！」……許多關於他的事，全世界都知道，甚至他的頭髮都是人們關注的焦點，總之，他的種種特質渾然天成，可以說是川普企業的最佳品牌代言人。

川普從今年六月宣布要角逐共和黨美國總統參選人之後，始終不用花錢上廣告，因為他爭議性的言論是媒體競相報導的焦點，有他的新聞收視率都很不錯，川普甚至還因此想跟媒體爭取受訪費，然後捐給慈善機構。儘管把自己當成品牌來經營，有替自己建立形象、廣泛吸收人脈、免費替自己和企業廣告等優點，但在經營行銷自我時，其背後的中心思想才是最重要的，這樣所創造出來的「自我品牌」才是有價值的。那麼什麼是中心思想？

愛迪生的事業夥伴愛德文巴恩斯（Edwin C. Barnes）「自我品牌」的特質是充滿自信和穿著高尚，他有三十一套高級的西裝，同一套西裝不會重複穿兩天，所搭配的襯衫也都是以極為昂貴的布料訂製。他原來只是窮鄉僻壤的窮小子，非常希望能夠成為愛迪生的事業夥伴，但一直沒有錢搭上火車去向愛迪生毛遂自薦。最後終於在渴望與愛迪生合夥的熱切慾望驅使下，穿得像流浪漢搭乘載貨的火車去找愛迪生。見到愛迪生時，和愛迪生談了一個小時，愛迪生感受到他強烈的意念，因而先給他微薄的薪水，讓他在辦公室裡打雜。後來愛迪生的銷售員對他發明的錄音機產品不感興趣，不願幫他推銷出去，愛德文巴恩斯便抓住這次機會，自告奮勇地要推銷這項產品，於是開始了他們長達三十年的合作關係，愛德恩巴恩斯繼而累積大量財富。

那麼他講究穿著是因為要炫耀財富嗎？一點也不是。他是因為第一次跟愛迪生見面時，自己穿得破破爛爛、鞋子磨損了、鬍子也沒刮，簡直糟糕透頂，這讓他幾乎要失去見他的勇氣。但等到見面時，愛迪生卻沒有用外表評斷他，這讓他下定決心，以後如果沒有穿得整齊體面，絕對不站在別人面前。而這就是他形象背後的中心思想，代表著對自我努力的激勵和對成功的感謝，這正是讓他的「自我品牌」顯得與眾不同的原因。

川普名言——「自己就最佳品牌代言人。」

幽默和生意兼顧

川普說：「讓與你共事的人開心地笑，他們一定會非常欣賞你這一點。」相信很多人應該跟川普有同感，在笑容中完成的生意感覺更棒！有次川普的朋友缺席川普邀約他出席的慈善捐款活動，活動結束後這位朋友寄了一張支票來，同時附上一紙短箋，說明他把川普之前來信上的簽名拿去賣，讓他換得這次的捐款。川普很高興地回信給他，稱讚他很有生意眼光，於是兩人在談笑間不但成就慈善美事，也更加喜歡對方。

還有，川普曾經幫 VISA 公司拍過電視廣告，廣告內容是他站在川普大樓頂樓拿著信用卡，但不小心讓信用卡從手中掉下，於是他只好到地面去找，原來卡片掉在垃圾桶裡，最後的畫面是他爬出垃圾桶，拿著信用卡，這個幽默感十足的廣告非常成功，為川普和廣告商帶來很大的收益。

大多數人都喜歡幽默的人，許多時候開懷一笑，可以轉換情緒，進而化解尷尬，甚或消弭紛爭和衝突。而且很多時候幽默的背後同時蘊藏著人生哲理，就像馬克吐溫所說「幽默是真理的輕鬆面」，事實上，馬克吐溫也總是和睿智雋永的幽默事蹟連在一起，讓人在莞爾一笑之餘，更領悟到人生的處境和處世的智慧。

馬克吐溫有一次應邀到一個小鎮演講，在演講之前他到一家理髮店去刮鬍子修臉。那位理髮師問他：「我從沒有見過您，您一定是剛到本地的外客吧？您的運氣真不錯，今天晚上有大文豪馬克吐溫來我們小鎮演講。」「哦？那我倒要去聽聽呢！」馬克．吐溫說。那理髮師接著說：「不過你只能站著聽，票在一星期前就都賣完了。」馬克吐溫笑著回答：「站著沒關係，反正他每次演講，我總是站著。」

讓我們來為這個幽默故事做點「思考」，有沒有想過他為什麼要這樣回答？多半是出於謙虛吧！不願在理髮店裡受到矚目，更不想讓理髮師發覺自己很唐突，沒認出他就是馬克吐溫，這顯現出了馬克吐溫的修養。孔子說：「人不知而不慍，不亦君子乎。」他不但一點也不在乎別人不認識他，更完全沒有要張揚自己聲望的意思。謙虛和體貼應該就是這則故事所蘊含的意義，讓人在笑聲過後，內心仍有些悸動縈繞著，果然幽默的表達方式，往往比正經八百地說教更能夠淺移默化人心。

事實上，馬克吐溫的人生際遇並不順遂，他十一歲時父親就去世；國三還沒畢業，就去報社工作，他寫作的能力完全是在報社大量閱報培養出來的；還有，三個女兒有兩位先他而逝。但是，與悲苦的人生相反地，他成為了大受歡迎的幽默大師，寫作事業非常成功，是又一個兼顧商業和幽默的最佳例證，同時也示範了幽默結合智慧能溫暖人心的神奇力量，誰說賺錢的事業一定都要具商業氣息？在生意中加入幽默，可以為賺錢注入多元性的詮釋。

川普名言——「兼顧幽默和生意，可以成就好生意。」

利用公開宣布建立自信

川普經常會公開宣布他接下來的開發案規模非常大，一定會很成功。他主張公開自己的計畫讓全世界都知道，這樣就會被迫要證明自己的能耐，當然，你要有信心做得到才能公開宣布，不然會毀掉自己的信譽。其實，向大家宣布是積極展現自信的好方法，成功之後，別人就會對你產生信心。

有次川普面試了一個年輕人，背景學識都相當好，但是他非常謙虛，這讓川普相信他是個很不錯的人，但對他的能力卻一點也不相信，最後他沒有雇用他，因為川普認為在別人面前展現出自信、樂觀開朗的態度，才是爭取機會的表現，不會讓人在心裡懷疑你是個輸家。

運動心理學博士伊凡喬瑟夫博士（Dr. Ivan Joseph）說：「自信是一個人能否成功的重要因素，許多人放棄追逐夢想、被困境打敗不是真的能力不足，而是因為自信不足，認定自己不會成功因此半途而廢，甚至未戰先敗而與成功擦身而過。」信心無法向外求得，而是要從內心去培養，而且信心更重要的意義，並不是你如何成功，而是你如何度過失敗後，並獲得成功。

伊凡喬瑟夫有一個培養自信心很棒的辦法：他在人生高峰時期寫了一封信給自己，將過去所完成的成就列出來，然後失意時就拿出來不斷閱讀，提醒自己現在只是遇到困難，不要對自己失去信心。他藉由這樣的方法肯定自我、維持信心、做自己命運的主人，因為如果自己都不相信自己，就沒有人會相信了。

《哈利波特》的作者J.K.羅琳在被退稿十二次後依然不放棄，不曾對自己失去信心，而且她對經歷失敗有不一樣的看法，具有極具正面又富創意的詮釋。她在哈佛大學畢業典禮上的致詞說：「短暫的婚姻剛結束，沒工作、單親撫養孩子、窮途潦倒，甚至差點就流離失所……是我生命中最黑暗的時期……不過我有一種自由，因為我最大的恐懼已經過了，但我還活著。」心靈的自由是許多人都想要的，人們經常認為成功才會帶來自由，事實上，成功經常讓很多人如身處牢籠，只有克服困境，才能放下內心的負擔，那才是真正的自由。

另外，根據心理學的研究發現，良好的生活習慣也能夠增加自信。例如下列這些習慣：經常整理衣櫥，丟掉舊衣服，才有空間放新衣服；將待辦事項列出來，改掉丟三落四的習慣；把枯燥乏味的事情變有趣；常說「我可以，我做得到。」的確，生活習慣不好的人，生活步調容易紊亂，這樣就會時常犯錯，犯錯次數一旦多了，就會覺得自己很沒用，因而失去信心，所以，從改變生活習慣來增進自信，也不失是個好方法。

川普名言

「公開自己的計畫讓全世界都知道，這樣就會被迫要證明自己的能耐。」

傾聽直覺，讓人致富

川普在作決策時，經常會用直覺來作最後的檢視。尤其是在困境時，他會深入研究各種數據、徹底了解實際情況後，再以邏輯和理性去判斷，並以經驗為基礎作全盤的評估，以求全面掌握所有狀況，接著在最後，川普會順著直覺去作。

他建議平常就要練習傾聽自己的直覺，藉由作小決定來測試自己的直覺是否準確。因為許多事情都無法用邏輯分析，但不知道為什麼，你就是能夠直覺知道該或不該做某件事。川普說，直覺總是會在重要時刻出現，如果當下你已經沒有太多時間用理性去評斷，但事情又很重要時，最好依照直覺去進行。如果直覺告訴你那是好事，就放手去做；如果告訴你那是壞事，那麼就多加留意，例如他收購華爾街四十號大樓，就是依靠直覺，到現在那棟大樓一直是他的搖錢樹。

我們對那種不經過理性思考，對人或事突然有所感悟的直覺，一點都不陌生，例如：許多人會直覺某人是什麼樣的人，而事後證明當初的直覺正確無誤。事實上，直覺不僅僅出現在我們的生活中，在科學研究中也占有一席之地，一位曾經獲得諾貝爾獎的物理學家說：「實驗物理的全部偉大發現，都是來自於一些人的直覺。」

那麼直覺是如何形成的呢？根據腦科學的研究，簡單的說，直覺是當大腦累積了足夠知識和經驗後，自然會產生的。諾貝爾經濟學獎得主丹尼爾康納曼（Daniel

Kahneman），提出了「快思」和「慢想」，這是兩個主宰人類思考模式的系統，其中「快思」就是快動作的直覺；「慢想」則是指動作很慢、需要費力進行的心智活動，而人們的思維通常是在「快思」失敗後，「慢想」才會出現。

也就是說，根據康納曼的說法，直覺會比穩健的思考模式更快一步出現，因此我們平時就要注意培養直覺能力，讓直覺發生正向的功用。由於直覺是知識、經驗和洞察力的綜合體，因此可以利用下列三種方法培養直覺：第一、廣泛吸收知識，因為直覺的判斷要依靠知識；第二、累積豐富的生活經驗，除了知識，直覺還要依賴經驗才能形成；第三、鍛鍊敏銳的洞察力，擁有深刻的洞察力，才能夠全面快速地審視事物的全貌和細節。不過，無論你的知覺多麼準確，都要像川普一樣，做重大決策前，要經過充分的理性判斷，才能夠運用直覺。

川普名言

「全面掌握並評估過所有的實際狀況，最後，就跟著直覺走。」

愈努力就會愈幸運

川普在一九九一年欠銀行數十億美元時，有天晚上有個將會有二千多名銀行家參加的會議邀請他出席，但當他的秘書提醒他時，他一點也不想去，因為他欠銀行錢，所以不想看到任何一個銀行家，再加上借他錢的銀行家也都會出席。他跟秘書說：「我不想去。」隨後就回家去了。但是，一回到家裡，他想想還是去吧！於是穿上晚禮服出門，不料始終攔不到計程車，最後川普走過十條街才到達會場，那天不但天氣冷又下著雨，他全身溼透了，然而神奇的事情發生了。

川普進入會場後找到位置坐下，坐在左手邊那位銀行家友善地跟川普打招呼，右手邊那位卻始終不理會他的問候，看起來很不高興，一副川普欠他錢的樣子，川普很有耐性地花了將近三十分鐘，不斷跟那個人說話，最後他終於願意說出他的名字，川普聽完名字很吃驚，因為他正是向他逼債的人。接著川普跟他東聊西聊了一個小時，最後那個銀行家要川普過幾天去銀行找他，幫忙川普解決了一些債務的問題。

對川普而言，晚上去參加銀行家的會議是工作的需要，完全不是件好玩的事，但是，最後他決定要努力工作，因此還是出席了，沒想到因而幸運地遇到欠債的銀行家。不過如果川普在知道對方身份後，也跟他一樣顯得很不高興的話，那麼就沒有後續對他的幫助了，更可能沒有後來的東山再起。川普從去參加會議到會後的表現，可以很清楚看到他的努力，而正因為他不停止的努力，才會遇到幸運的事。

當然，幸運是一種相對的概念，有些人覺得幸運的事，其他人或許不認同，就以川普為例，他覺得那次遇到銀行家是他的幸運，換成其他人，說不定會認為那個銀行家早就該幫他忙了，又不是什麼了不起的事，就算不用他幫忙也可以渡過難關。曾就讀於哈佛心理系的作家劉軒說：「在面對問題時，要不斷告訴自己『我能找到辦法，我一定會找到辦法』。」而這就是從心理學的角度所認為的「幸運關鍵」，也就是說，相信自己能夠解決困難，接下來對問題所付出的所有努力，才會為你帶來幸運，讓事情朝你希望的方向發展。

那麼不努力就不會遇到幸運的事嗎？當然不是，只是努力和幸運似乎有著更密切的因果關係，不勞而獲的幸運或許值得暗自竊喜，但努力過所得到的幸運，卻是極大的鼓舞，讓人願意付出更大更多的努力，所以，愈努力就會愈幸運，也會讓人因為愈幸運就又愈努力，讓努力和幸運產生良性循環。

川普名言

「在又濕又冷的天氣，走過十條街才到達會場的努力，所換來的轉危為安，是愈努力愈幸運的神奇魔力奏效了。」

給人機會，不要在乎頭銜和地位

川普知道這個世界並不完美，許多人渾身都是缺點，但是優秀的人依然很多，同時他也抱持不應該低估別人的想法，總是願意給人機會，而且超越頭銜、地位。而正因為他期望別人有更好的表現並給予機會，因而激勵對方勇於接受挑戰，更培養出信心，這樣的作法不但能夠讓人充分發揮才能，更可以挖掘出非常有能力又忠誠的優秀員工。

川普房地產公司的營運長就是一個例子。最早開始川普雇用他當保全人員，但因為發現他是個值得信任、盡心盡力的員工，而且有很大的潛力，因而一路給他機會，他的職位不斷高升，在成為川普房地產公司的營運長之前的職位是執行副總裁。

不論你給別人機會或別人給你機會，重要是要看見機會。亞洲首富馬雲合夥人蔡崇信十五年前放棄年薪百萬以上的工作，從台灣特意去杭州馬雲的家找他，願意領月薪五百塊人民幣，加入馬雲集團。根據二零一四年富比士雜誌香港富豪榜的排名，蔡崇信首次入榜就排名第十四名，身價三十二億美元。這正是因為他們互相看見機會，並給予彼此機會，最後兩人都成了贏家。

馬雲說：「人生一般有三層機會。第一層，年輕的時候你啥都沒有，其實這個時候都是機會，想做什麼就做什麼；第二層機會，你剛剛有點成功的時候，覺得到處都是機會……但你自己覺得都是機會的時候，反而要想清楚，你有什麼、你要什麼、你放棄什麼，因為真正屬於你的機會並不多；最後一層機會，是給別人機會，給年輕人機會。」在他的眼裡，年輕人的無所畏懼才是開創未來的最大特質，因此，他認為給年輕人機會並相信他們，才會有美好的未來。

那麼，當稍縱即逝的機會來了，要如何抓住呢？最好的辦法就是隨時隨地準備好迎接它的到來。那麼要如何準備呢？專家建議以下五個準備方向：第一、不斷學習你所屬領域的專業知識和相關知識，甚至跨領域去學習；第二、對新知好奇，喜歡吸收新資訊，現在是個多元發聲的時代，多吸收新知可以緩解擔心落伍的焦慮感，更可以豐富常識和知識；第三、對自己有信心，用樂觀正面的心態去克服對失敗的恐懼，不要患得患失；第四、做任何事都有始有終，也可以透過運動鍛鍊毅力和耐性；第五、培養體貼別人的同理心和客觀思考的能力，這是良好人際關係的關鍵，可以因而創造互助合作的工作環境。當你隨時表現出這五項特質，別人很快就會注意到你，一有好的機會就會想到你，因為這時你在別人眼裡，是一個專業又專注、聰明、有自信、有毅力、注重人際和諧的優秀人才。

川普名言

「我們不應該低估別人的想法，而且要給人機會，不要在乎對方的頭銜、地位。」

讓別人知道你很懂你的行業

在房地產事業裡，沒有人能夠欺騙川普，因為他從會走路開始，就跟著父親在工地巡視，可謂從小就對房地產行業耳濡目染，他在一旁看著父親工作，無意中見識到他如何管理事業和員工。接著，就讀軍校時，他會在放假回家時跟著父親四處查看，學習如何跟建商打交道、看房子與簽約。

川普認為做生意時必須讓每一個跟我們交涉的人，都知道你很懂你的行業，展現你的所知，讓人尊敬你。當一個老闆就要像老闆，不要讓別人懷疑你不懂你所做的事。事實上，他自立門戶開始做第一筆生意時，沒有資金，也沒有員工，很少人知道川普集團只有他一個人，但是他卻表現出背後有個很具規模的川普集團在支撐著。

有一個人在高雄的星巴克點完餐後，店員跟他說：「好的，請等一下，我先幫你『傳杯』」，乍聽之下會不知道這是什麼意思，問清楚之後，才知道原來這是品牌在地化的關係，「傳」就是台語「準備」的意思。許多時候，我們會一廂情願地以為別人聽得懂我們的術語，或以為別人理解我們的意思，但是事實上，如果大家在不懂時，都不去問清楚，隨便交待過去，這樣就不是有效的溝通。所以，我們應該要用對方聽得懂的話去跟對方溝通說明，同時在自己聽不懂時，也勇於提出來詢問，確保對話時對方聽懂你的話，並且在溝通過程中互相了解，這是讓別人知道你很懂你的行業的首要條件。

另外，你要很懂你的行業，就算只比別人早一天知道也不遲。川普總是表現得自信滿滿，那是因為他努力學習，總是準備萬全，所以，他才能表現出讓人佩服的自信。學習是永遠的進行式，當你要求自己比別人早一天知道，這就叫準備，要做到這樣，除了用心學習，還要有極高的敏感度，能夠洞察、分析出趨勢和潮流，進而提早學習。

除了溝通能力、努力學習，你還要積極採取行動，沒有行動，所有的夢想將只會是空想，採取行動才會產生實踐的力量，並帶來成就事業的信心，讓人對你的言行更加信任。

那麼，什麼是行動的力量？有三條大魚在暴風時被大浪沖上岸，第一條大魚奮力衝回海裡，救了自己一命；第二條沒有那麼大的力氣重回海裡，於是盡力游到淺水岸邊，然後藏在水草裡躲過漁船，也救了自己一命；第三條魚因為太累了，想先睡一下，後來海水退潮了，最後擱淺在海邊的爛泥，失去逃生的機會。奮力一搏就是行動的力量，能夠開創造出未來的可能性，如果事情很難改變，就更應該用行動來創造奇蹟。

川普名言

「讓每一個跟我們交涉的人，都知道你很懂你的行業，展現你的所知，讓人尊敬你。」

用開放心態創造新商機

許多原來只是抱嘗試新鮮事物的開放心態去做的事，往往會變成事業的新契機。川普的名字除了是自己事業的商標，更是許多其他產品的品牌名，包括西裝、襯衫、領帶、牛排、伏特加等，川普所代言的這些產品都非常成功，而這些成功要歸因於他願意嘗試新鮮事物，進而開展出的全新可能性。

另外，川普要建造第一座高爾夫球場時，起初有一些猶豫，因為對他而言那是全新的領域，他必須學習的事物還很多，但當他決定要進行後，便全力以赴，儘管有人質疑他為什麼要跨足新領域讓自己那麼煩惱？況且他已經那麼成功富有，不需要為錢工作，的確，川普不是為增加財富而興建高爾夫球場，只因那是挑戰自我的全新機會，讓他感到興奮快樂。

嘗試挑戰和接受新事物能夠打開認識不同世界的門窗，這個世界包括內心和外在的。有一個上班族每天過著一成不變的生活，上班、下班、吃晚餐、睡覺，雖然沒有特別令人高興的事，日子也算安穩，突然他的上司調職，換來一個對上奉承拍馬，對下頤指氣使的主管，讓他原本平淡的上班生活變得很不愉快，儘管還沒有痛苦到離職而去，卻也讓他天天為此煩惱不已，於是他開始希望能藉由轉移注意力，來忘記在辦公室裡工作的不愉快。

首先，他試著去想有什麼是自己一直想做而沒有去做的事，結果他發現沒有這樣的事，這讓他驚覺到自己的人生竟然如此貧乏，並領悟到比起辦公室的困擾，這件事才是他更應該正視的。接著，他開始在下班後去學習新事物、參加各種社交活動、假日就去運動或旅行，後來他找到一件讓他醉心的事，那就是騎自行車。於是，他積極地把下班和假日的時間都用來騎自行車，也認識很多同好，更結識許多經營自行車相關事業的人，更觀摩到他們的經營方法，最後，他決定辭去工作，在郊外開一間單車咖啡館，三年後開了分店，事業非常成功。自行車讓他重新掌握人生的方向，開啟了不一樣的人生，也找回生活的熱情和快樂，但這都是因為他願意接受和挑戰新事物，所帶來的轉變。

Google的工程師邁特凱茲（Matt Cutts）在一次演講中談到他用三十天嘗試新事物的經驗。這樣做的起因是由於生活枯燥乏味，讓他想嘗試新事物。他將每個挑戰的時間設定為三十天，第一個挑戰是，在這一個月中，每天拍攝一張照片，他因而清楚記得自己今天去哪裡、做了哪些事。隨後，他開始做更多更難的三十天挑戰任務，他的自信心也因而增強許多。我們可以像他一樣善用這個三十天的挑戰模式，主動創造新契機，不但能夠增加生活的樂趣和意義，日子久了，一定會為你的工作或生活帶來更多的可能性。

川普名言

「勇於嘗試新鮮事物，能夠開展人生和事業的全新可能性。」

誠信可靠的夥伴關係

川普從漫長的創業過程中，累積出簡單睿智的用人和識人道理。對於僱用員工，他認為不需要太在乎學歷，因為不論雇用什麼樣的人都是賭博，這是因為他雇用過學歷很高的員工，但表現並不令人滿意；相反地，他也遇過學歷低但工作表現十分令人滿意的員工。因此他認為給人機會最重要，這是種誠意和信任，同時也能看到對方實力的表現。

然而在尋找事業夥伴時，川普除了重視情意和誠信，對方還必須是個好人。他注重夥伴身上的這兩項特質，而且雙方都要認同情意和誠信的價值，也就是說，如果對方經常有自吹自擂的傾向，川普就會懷疑他的誠信。《誰是接班人》節目製作人馬克伯奈特，就具備事業夥伴的特質，而且他還是個勇往直前的夢想家，川普第一次和他見面就很欣賞他，他們從二零零三年開始合作至今，始終維持堅而不摧的夥伴關係。

關於誠信的價值，聖經有很深切的示喻：「人在最小的事上忠心，在大事上也忠心；在最小的事上不義，在大事上也不義。」公司所需要的人才，可以透過訓練來養成，但是人品的部分，就無法依靠人力訓練出來，然而最令人感到憂慮的是，沒有誠信的人才所闖出來的禍，往往比能力一般的員工所製造出的麻煩更難處理，例如運用過人的聰明才智，騙走或侵占公司的資產，造成公司莫大的損失。

有一個關於誠信的故事是這樣的。某國的國王由於膝下無子，因此想要找一個誠實的小男孩來當王子，長大後繼承王位。國王對進宮的男孩們說：「我今天給你們每個人一粒種子，三個月後，誰能種出最美麗的花，就可以成為王子。」三個月之後，許多孩子都捧著漂亮的花來爭取最後競爭王子的機會。但其中有一個小男孩沒有種出花，哭著對國王說：「敬愛的國王，我每天都有澆水，平常也很細心施肥，盡心盡力要種出漂亮的花，但是，我什麼也沒種出來。」國王聽完哈哈大笑：「誠實的孩子，你不會種出任何花朵的，因為我給你們的，都是炒熟的種子！」後來這個誠實的小男孩成為了王子。

誠實也許無法像其他小男孩一樣，「種出」漂亮的花，但卻是種在內心最難得的漂亮花朵，為什麼呢？誠實是對人的一種善意，是立身處世的基本，我們都討厭被欺騙，更厭惡欺騙者，尤其是企業，更要以誠信維持信譽，就像頂新所生產的假油，對其企業造成莫大的損失，他們對國民健康的傷害更是難以補償。沒有誠信的人所造成的傷害是很難在短時間內看清，而且認清後，也往往已經形成無法弭補的傷害，因此，像川普一樣遠離缺乏誠信的人的確是杜絕欺騙的好方法。

川普名言

「除了情意和誠信，對方還要是個好人。我們必須從夥伴身上感受到這兩項特質，而且雙方都認同這種價值。」

不要讓消極者影響其他員工

儘管川普在《誰是接班人》節目中會開除人，但事實上，他不喜歡開除人，開除人是不得已，他喜歡員工個性忠誠可靠，同時具備極佳的專業能力、且工作極有效率，他手下有些員工已經跟著他三十年，他們互相瞭解且彼此珍惜。

招募員工時，川普主張，如果應徵者會抱怨之前的工作、前雇主、同事等等，就要特別小心，最好別雇用這樣的人，因為之後你和公司就會變成他們抱怨的對象。最需注意的是，這種消極的態度會感染整個辦公室，即使是態度積極的員工也會受其影響而開始抱怨公司，接著不久之後，每個員工都會感受到那種消極的氣氛，漸漸也跟著抱怨東抱怨西，更麻煩的是，連和員工接觸的外人，也能夠感受到那種消極的氣氛，這會對公司有隱形的殺傷力。另外，川普也建議不要錄用態度不友善和感覺很好鬥的人，因為他們除了會不斷抱怨外，還會製造紛爭。

我們經常聽到人們抱怨工作、同事、家庭、婚姻、身體健康、政治……太多事情可以抱怨，彷彿全世界的人都對不起你。事業成功，已是亞洲首富的馬雲坦言他也抱怨過，他曾經自問：「為什麼應徵三十幾份工作，沒公司願意錄取我？……但是抱怨有什麼用？」的確，抱怨對事情一點幫助也沒有，抱怨的負面情緒只會讓我們變得消極，看不到事情的光明面，進而失去積極解決問題的動機和能力。

根據心理學的研究，抱怨也有吸引力法則，如果我們一直跟別人抱怨或聆聽別人的抱怨，這樣只會造成愈來愈多的抱怨。拒絕抱怨的最好辦法就是改變想法，學會用感恩和樂觀的心態看待事情，並積極找出方法解決，同時相信自己能夠解決問題，就像川普說的，要尋求解決的方法，不要一直討論問題。

有一個女人總是抱怨先生愛釣魚，不配合家庭生活，甚至鬧到快要離婚。後來有人規勸她抱怨無法解決問題，應該正視問題才能找出改善的方法，她因而恍然大悟，自己為什麼要花那麼多時間在討論那個問題，而不是設法解決。後來她停止抱怨，開始學習一些釣魚知識，希望能了解先生喜歡釣魚的原因，漸漸地，跟先生的話題變多了，先生也變得不一樣，開始會帶全家人去釣魚，有時候甚至不去釣魚，配合家人的假日活動，她因而挽救了自己的婚姻。作家張德芬說：「天下只有三種事：我的事，他的事，老天的事。抱怨自己的人，應該試著學習接納自己。抱怨他人的人，應該試著把抱怨轉成請求。抱怨老天的人，請試著用祈禱的方式來訴求你的願望。這樣一來，你的生活會有想像不到的大轉變。」這真是停止抱怨、改變現況最好的呼籲，更是遠離抱怨的實用法則。

川普名言

「消極的態度會感染整個辦公室，即使是態度積極的員工也會受其影響而開始抱怨公司，不久之後，每個員工都會感受到那種消極的氣氛。」

談判

PART 03

打動人心，高效川普談判術

談判不是贏者通吃的廝殺

人們對談判通常抱持著兩極化的想法，不是因對談判沒有信心而感到害怕，就是趾高氣昂地以贏家通吃的態度來期待談判的結果，認為談判的唯一目的是要從對方手裡得到最大、最多的好處。然而，川普的談判卻與後者完全相反，他在談判時會拿出同理心，總是希望能夠達到雙方都滿意的結果，並認為雙贏比贏得勝利、從別人那裡得到對方本來不想給你的東西還要重要。

川普在建造川普大樓時，由於紐約市政府規定，大樓的後方要留有至少三十呎的開放空間，因此，川普必須在大樓後方買下一塊地，但地主不願意賣，談判陷入膠著的情況，但如果因而進行法律訴訟，雙方都會很麻煩。後來在談判過程中，川普才明白原來地主是因為不希望土地賣斷後要繳納稅金，而且期望能夠把土地留給子女，才會不想賣土地，轉而只願意以長約的方式租給川普。於是，川普立刻表現出對地主的尊重，立刻向地主表示，如果這樣做會讓他高興，那就這樣辦。然後當面交代律師擬一份能夠充分保護地主權益，又夠提供川普大樓建造成功所需的租約。

談判可以說是人生的一部分，我們的生活和工作都會遇到需要談判的時候。事實上，談判是一種為相互利益而進行洽商的行為，而且是一種交易，有時候更會涉及很多事物，不只是輸贏那麼簡單的概念，例如：離婚的談判就經常不會以輸贏為重點，那還關係到人情。

在工作時所需要的談判，其實是值得學習的一種說話藝術，小到商品的進價到公司的大型併購案都需要談判，談判過程中有時候氣氛非常嚴肅、甚至很火爆，但無論如何，談判是要透過溝通來化問題為利益，不是要增加雙方的問題，所以，雙贏是最好的結果。試想若有一方始終只堅持自己的利益，這樣很容易會談判破局，對雙方都沒有好處。就像台南成功的生意人所說的「要三好一公道[1]」，也就是說，談判不必要求贏家通吃，而是要顧慮到對方的利益，這同時也是一種真誠信任對方的心態，也是雙贏的關鍵。

另外，要注意談判不是言語的辯論，更不是口才的表

1 三好就是服務好、信用好、品質好，一公道就是價錢公道。

現，重點不是要辯到贏，而是要用心傾聽對方的理由，找出雙方利益的最大點和損失的最小點，進而解決問題，且兼顧雙方的利益，這才是最完美的談判。例如；廠商報價太高，始終無法提供你所希望的報價，而且還一直辯解為什麼要如此報價，使你無話可說，但又完全無法接受他的報價，像這樣沒有人願意退一步，說再多再有理都沒有用，只有破局一途。所以，如果生意要做成而且維持長久，就必須以雙贏作為談判的基礎，如果有一方覺得自己吃虧，很可能會破壞雙方的關係，影響日後繼續合作的意願。

川普名言

「雙贏比贏得勝利、從別人那裡得到對方本來不想給你的東西還要重要。」

和諧人際關係是談判的重要因素

川普非常善於創造和諧的人際關係，讓談判的對方覺得他是個很好的合作對象。和諧的關係就像談判的雙方互相信任那麼重要，因為我們如果無法跟信不過的人相處，也很難跟相處不來的人打交道，所以，和諧的關係會促使談判更順利。不過，所謂和諧的關係不是虛假地應酬彼此，而是打從心底喜歡、尊敬對方。

川普經常會在週末時，以他特別訂製的七二七豪華客機，載著他希望建立良好關係的對象到他位於棕梠灘的私人俱樂部，觀賞像是艾爾頓強等巨星的演唱會；不然就是邀請他們以貴賓的身分到他的高爾夫球場，一起打場友誼賽。另外，川普還有一種不依靠龐大財力開創良好人際關係的方式，那就是他會用真誠且溫暖人心的言語稱讚別人。例如：有一次，他和外賓一起行經大廈的大廳時，一個工匠正在鋪設大理石地板，他走過去拍拍工匠的肩膀，很興奮地向外賓介紹：「這是全紐約市最棒的大理石師傅。」說完，他又轉頭對那個工匠說：「你做得很棒！好好做！」相信為了回報川普的稱讚，那個工匠一定會拿出所有的本事把品質做到最好，這就是互相尊敬的人際關係所帶來的好處，而且甚至不花你一毛錢。

談判的時候，應該把焦點放在人上面，因為人才是重點。卡內基訓練總經理黑立言說：「除非是獨自生活在荒島上，否則只要有人的地方，總會有需要和人談判的時候……

所以，人際談判有很大一部分是在和對方建立良好的關係，以形成談判的良好基礎。」因此，建立良好的人際關係，在談判時可以化阻力為助力，促使雙方在談判時願意多關照對方的需要。

人際的運作可以開創事業的巔峰，作生意和人際關係更是密不可分，許多事業成功的人，都有人脈廣、且能維持極度良好人際關係的特質，其中不乏在關鍵時刻，由於良好的人際關係將危機化為轉機的例子，因為「有關係一切好辦，沒關係一切照辦」。此外，和諧的人際關係甚至會讓比較占優勢的一方，願意坐下來和弱勢的一方談判，而如果沒有和諧的人際關係，可能就很難贏得這樣的機會。川普剛創業時，幾次面臨談判的情況，都是因為和諧的人際關係使得談判結果雙贏。

那麼，良好人際關係要如何培養？人際關係是從見面時就要開始培養的，除了像川普一樣與人分享、誠心稱讚別人，從談判的角度來看，最簡單的方法就是，在談判時用心聆聽，站在對方的角度思考，了解對方在想什麼？立場是什麼？問題是什麼？需要什麼？最想要什麼？只要你這樣做，對方也將會以同樣的想法回報你。

川普名言

「所謂和諧的關係不是虛假地應酬彼此，而是打從心底喜歡、尊敬對方。」

找到雙方的共同點

川普在談判時不會急著進入主題，立刻開始談錢，他會以找到對方與自己的共同點為起點，藉由聊彼此的共通點來拉近距離、緩和氣氛，另一方面，也是因為太急著談錢，大都會使談判進行得不順利又不愉快。同時，談判開始時的交談，也是在搜集認識對方的資料，在接下來的談判將會有所幫助。

要找到共同點，可以從觀察對方的辦公室推敲出他的個性，例如：辦公室裡有高爾夫球雜誌，表示他可能熱愛打高爾夫球。另外，川普也會從曾跟對方作生意或是關係不錯的人那裡去打聽。聰明的談判方法是讓對方覺得與你「氣味相投」，這樣不但可以有好的談判起點，更可以增加對方對你的好感和信任感，為後續的談判累積分數。

通常在大規模的談判中，雙方會派出一組團隊，成員包括律師、會計師、專家、顧問，所以，希望談判成功，除了找出團隊中的關鍵人物，了解每一個人在談判中扮演的角色、職責和動機更是重要，否則你將會有如身處於暗室裡。還有，上談判桌前，一定要搞清楚決策者在不在場？你是否與其交談過？因為這會影響你的談判和行動策略。

川普的作法是，在開會前就確確實實搜集每一個成員的相關資料，而且在首次見面時，就問清楚每一個人的姓名和身分，接著會進一步觀察每一個人的特質和工作的情況，並逐一詳細記錄下來。然後經常檢視這份資料，並在日後每一次談判中，將每一個人的變動或是有錯誤的地方加以更正，資料累積愈來愈多，對之後擬定談判策略會有很大的幫助。

除了在交談中利用找到共同點的方法拉近距離，也要觀察每個成員看事情角度上的不同，當然這與他們在團隊中扮演的角色有關，而這也會影響每個人的動機。例如：如果對方是個房地產經紀人，那麼他最在乎的將會是交易成交與否，因為只有成交才會有佣金。如果你無法清楚發現對方的動機，不妨用客氣的語氣問：「你在這家公司服務多久了？負責什麼職務？如果完成這項交易，你會去國外好好渡假嗎？」只要你展現出關心的態度，對方大都會願意告訴你。

平時要多細心觀察，培養自己的洞察力，在談判桌上，身體語言往往不知不覺中洩漏出一些訊息，一個眼神、一個小動作、聲音語調與視線的改變，這都是該細心觀察和搜集的資訊。例如：有一個經理，希望會議盡快結束時，就會把錶拿下來放在桌上，好像在說：「快一點談完，這個會開太久了！」所以即使一句話都不說，也可以觀察出許多事。

川普名言

「談判時別急著進入主題，立刻開始談錢，要以對方與自己的共同點為起點，藉由聊彼此的共通點來拉近距離。」

確認對方意圖，不要輕易相信表象

舊時代的談判方式無法容納個人風格，不像川普在談判時會講笑話當開場白，不但使氣氛變得輕鬆，更可以和對方建立關係。還有，以前的談判方式是雙方通常都很堅持己見，而且會互相攻擊，能從對方身上拿多少絕不手軟。然而，川普訴求的則是雙贏的談判策略，這樣做所得到的報酬反而比較多，也成功為未來的談判保留一扇大門。

輕鬆的開場白之後，川普會在接下來談判的每一個階段，運用接收到的訊息，不斷檢視自己對談判中各項假設的真假，直到能夠確定其真偽。川普認為談判中不論是自己的假設或對方給你的訊息，都要先假設那是假的，然後隨著談判的進行，再確實分辨出真假，一旦發現那是真的，就會讓你感到驚喜。

談判中要評估訊息的真假，必須經由談判過程中的討論來判斷，不必一開始就把對方所說的話全部當真。舉例來說，在房地產的交易裡，如果物件標價四百萬美金，許多人會殺價到三百六十萬美元，然後準備談到三百八十萬美元成交。但川普式的談判會下狠招從二百萬美元開始談，開這麼低對方會覺得受到侮辱吧！不一定，最糟的狀況是對方不願意談，但也有可能對方願意從二百萬美元開始談，有一個實際案例是，最後真的從兩百萬談到三百四十萬美元，比原來預估的還少了四十萬美元。

在談判中，任何你聽見、看見、別人告知或自己推理的假設，都有可能完全是錯誤的，所以，你要具洞察力用心地作判斷。例如：許多人很喜歡在嘴巴上說自己作生意很公道，要你放心之類的話，事實上，當對方講出這句話時，你要多留意觀察，如果對方坐在沙發上看報，看到你連起身歡迎也沒有，第一句話就說：「相信我，我這個人作生意最注重公道。」像這樣的態度，你最好別期待他說的話會是真的。

還有，在談判的過程中，對方也會檢視你所提供訊息的真偽，同樣地，對方也會對你作出種種推理，並逐項分析判斷真實性。因此，你還是要控制對方對你的了解程度，小心不要將會暴露缺點的訊息透露給對方，放心，這和同時要表現得親切友善、開放而誠實，一點都不衝突。有時候，你會遇到談判對象很容易被看穿，會把談判的期限、價格和條件，在你友善的訊問下很快就全盤托出，所以，談判時除了要不斷用語言詢問，同時也要注意觀察非語言部份的變化，像是對方的肢體語言、環境等，這樣對收集和判斷訊息的正確性，會有很大的幫助。

川普名言

「談判中不論是自己的假設或對方給你的訊息，都要先假設那是假的，然後隨著談判的進行，確實分辨出真假。」

變色龍才能因應談判環境

川普極善於觀察人，能夠在很短的時間內評估對方，然後迅速融入現場的氣氛來達成自己的目的，是個談判風格像變色龍般百變的談判高手。什麼是變色龍風格？簡單說，就是進與退、動與靜的掌握。例如：談判的對方說話態度拘謹，而且輕聲細語，那麼你就要調整說話的語調，也跟著小聲說話，措辭小心；相反地，如果對方說話方式尖酸刻薄，你也要表現出你不是省油的燈。這就是變色龍的談判技巧，這樣做的優點是，當你在談判時像變色龍般配合場合的氣氛和調性，與大家打成一片，除了可以促進談判順暢進行，而且還能在必要時迅速轉變策略。

另外，變色龍策略也是種順勢而為的談判技巧，你必須根據談判對象、談判主題和在談判過程中發現的關鍵訊息來作調整，才不會讓自己陷入困境。也就是說，如果你的工具箱裡只有榔頭，那麼每一個問題對你來說都是釘子，但如果你只會猛敲猛打，是無法拔掉釘子的。

談判時，時常會遇到必須修正甚或重新塑造的情況，這樣才能找到解決的方法。所以，你必須打開耳朵和眼睛，不斷地從看似瑣碎的資訊中，搜集與談判相關的資料，幫助你作出最佳策略。例如：如果對方的書桌非常紊亂，那麼你就可以假設他工作量很大，經常忙碌到沒有時間整理桌子；再不然就是他作事沒有章法，很不喜歡細節，凡事大而化之。

這時候，你就可以在談判時跟對方保證你會負責領表格，並逐一填寫，他完全不用處理與細節相關的事，像這樣讓對方知道你會幫他分擔行政上的事物，很可能是促進談判往前推進的有效策略。不過，如果對方不同意你分擔行政細節的提議，你就應該立即作出反應，告訴對方你很高興他會幫忙緊盯著細節，確保一切順利，讓你的工作輕鬆許多，這就是懂得融入環境的變色龍。

另外，有時我們不知道對方是否只是故作姿態，所以，你就要靈活運用發言的時機和立場，來找出對方的意圖。例如：你希望談判對方在你希望的時間內完成交易，但這時你不能直接就下最後通牒，而是要跟對方說：「我們通常希望在雙方的努力下，能夠在六十天內完成交易。」他很可能會告訴你：「我們最少需要九十天。」接著，你可以繼續問：

「為什麼?」然後再從對方的回答找到有價值的參考資料，慢慢摸清楚對方的真正心態。

事實上，你希望的是在四十五天之內完成交易，他們也不見得要九十天的時間，通常談判的雙方都會將底牌緊緊地蓋在胸前，除非有必要，不然不會讓對方看到，所以，調整說話立場和內容是談判中無可避免的，這時候，就要變色龍上場了。

> **川普名言**
>
> 「談判時配合場合的氣氛和調性，與大家打成一片，可以促進談判順暢進行。」

談判是要成功推銷你的構想

川普在談判時，經常會適時化身為令人讚嘆的銷售天才，完美地推銷他的構想。川普第一個大型房地產開發案，是要將紐約市中心殘破角落搖搖欲墜的船長飯店，改建為擁有一千四百間住房的君悅大飯店，這個改建計畫非常複雜，他必須把這個構想銷售給許多單位，包括幾個政府機關、政治首長和出資人。

川普有這個龐大複雜的構想時，才二十七歲，以當時的大環境來看，這似乎是一項不可能的任務。因為在一九七四年，紐約市政府瀕臨破產，房地產空屋率很高，飯店業更是萎靡不振，是經濟非常不景氣的時候，多數人都不看好，但川普卻認為這是大好時機，並積極實行這個計畫。最後，川普以他的人格特質、熱情和不放棄的精神，以及高超的銷售能力，超越一個又一個看似無法克服的障礙、接續一次又一次的談判，終於在兩年後實現夢想。

那麼在談判中，什麼是成功的銷售？首先，你要有熱情，因為熱情有感染力，能夠鼓舞別人，甚至影響反對你的人。例如：川普對改建船長飯店懷有極大的熱情，並確實相信這個開發案對相關的每一方都獲益匪淺，因而能夠說服大家跟他合作，成功推銷他的構想。

其次，要讓自己化身表演大師，而表演的方式千變萬化，重要是能夠有效推銷你的構想。例如：當時川普是個二十七歲的年輕人，沒有土地開發經驗，那麼他要如何取得各方的信任呢？他雇用了一位備受尊重的紐約房地產仲介人，當他和這位極具智慧和經驗的人，一起坐在談判桌前，自然能夠贏得政府機關決策者和貸款人的信任。還有，川普為了在會議上向市長說明飯店將要建造成的宏偉外觀，特別請人製作昂貴又精緻細密的建築示意圖和模型送給市長，他這樣做是希望別人在看到昂貴的建築示意圖和模型時，會有「川普很敢投資」的印象，同時也讓人對一流建築師的建築設計讚嘆，成功掃除某些人對川普的疑慮，進而產生很大的加分效果。

另外，要根據不同的拜訪對象打點自己的外表。例如：跟出資人見面時，要穿得很得體，讓對方對你留下良好印象。如果是跟銀行談貸款，就要穿上昂貴的衣服，讓對方覺得你不缺錢，他們才會愈想要把錢借給你。其次，就是要根據場合穿衣服，和對方約在高爾夫球場見，就要穿打高爾夫球的服裝赴約。假如是宴會場合，就要問清楚服裝規定，因為與人見面時，第一印象很重要，只要用心經營，對方就會感受到。談判中的銷售表演，並非是虛假或欺騙，同樣帶著希望達成雙贏交易的誠心，只是在表演方法上求新求變，並透過努力用心表演取得對方的認同。

川普名言

「談判時，要適時化身為銷售人員，推銷自己的構想。」

主導談判的速度

倉促簽訂的談判很容易遺漏重要的細節，所以，川普總是會設法主導談判的速度或耐心等待有利的局勢，從不會草率地完成交易。他認為談判的速度太快會無法得到最佳成果，同時會失去尋找其他可能性的機會。滿足雙方需求的談判，往往需要慢慢地進行，這樣你才能夠花時間去和對方相處，以真誠的態度去認識、了解對方，進而摸索出讓對方滿足的方法，同時這也是在搜集達成雙贏交易的資訊。相反地，假如你表現得急著要完成談判，對方只會覺得你對他個人的感受完全不在乎，只希望能夠趕快完成交易，這樣會給人缺乏真心的感覺，那麼對方也將不會太看重你的感受和需求。

當然，主導談判的速度，不代表要一味地求慢，有時候反而要在適當時機加快速度，特別是你已經透過穩健的談判速度讓對方露出底線，這時就要把握時機，告訴對方你要做最後決定了，請對方要在時間內回覆答案，否則你就要再尋找其他交易對象。不過，如果反過來是對方希望你兩天內給予答案，那麼你就要告訴對方需要再七天，因為你還有別的案子在忙，問對方可不可以再等幾天？這樣做的用意是要試探真假。這就是「人快我慢，人慢我快」的戰術，能夠讓你主導談判速度，並且可以爭取機會分析對方以因應談判的變化。

控制談判速度有下列三個常見的方法：

第一、適時表現出猶豫的態度。例如：當對方詢問進度時，回答說：「我先回去問清楚這件事後，讓我想一想再回覆你。」這樣可以推遲達成共識的時間，藉此爭取時間準備資料。此外，對方投入的時間愈多，就愈不會想放棄這筆交易。

第二、不要當場接受對方的提議。人們對於容易到手的東西大都不會多加珍惜，而且容易讓對方有「不用努力就可以得到這麼多，那再稍微用點力，應該會得到更多」的占便宜心態。因此，拒絕才會讓對方覺得這是好不容易得到的結果，並認為這是艱苦談判所得的成果，他就會因而更加珍惜。

第三、不要速戰速決。這是談判中絕對不要犯的錯誤，因為這樣作總會引起其中一方的不滿意。萬一非得速戰速決不可，就一定要好好保護自己，不要因為談判速度過快而損害自己的利益，最好的避免方法就是做好萬全的準備，並且要比對方更了解談判的所有相關內容。至於談判速度到底要加快還是放慢，取決於哪一種速度可以增加你的優勢，不過，如果無法做正確的判斷，那就最好利用上述的方法放慢談判的速度。

川普名言

「滿足雙方需求的談判，往往需要慢慢地進行，這樣你才能夠花時間去和對方相處。」

資訊是促進談判順利的力量

川普熟悉和掌握房地產資訊的專業形象，讓他在談判中受益良多，談判中資訊就是力量，取得對方不知道或不想讓你知道的資訊，可以幫助你釐清議題，找到採取行動的根據，從而在關鍵時刻產生扭轉乾坤的功效。

顯而易見地，資訊掌握得愈多，談判就愈順利。想要洞燭機先，就要盡力搜集談判對象的所有資料，不論是強項、弱點、嗜好、教育背景和工作經歷都要一清二楚，這都是很有價值的資訊。另外，還要多蒐集並熟識與談判主題相關的數據和知識，這都有加強權威感的作用。不論你和同一個對象在相同主題的談判領域裡交手過很多次，你仍然可以從對方身上學到有用的事物，讓你在往後的談判中，變成更難搞的談判高手。

你在談判前搜集到的數據和資訊，仍然要檢視其正確性和可靠性，但由於這些資訊的來源可能很多，通常也很難一一查證，不過，還是可以運用下列三種方法去研判：

第一、妥善運用你的學經歷。如果你的學經歷再加上你的博學多聞，足以判斷所搜集資訊的正確性，那就可以放心地使用資訊；如果不是的話，就可以上網去查證，也可以和相關行業的人聊聊、聽聽建議，確保你所搜集資料的有效性。

第二、與專業人士討論。談判中經常會涉及不屬於你學識領域的議題，所以你經常需要跟會計師、律師、財務顧問以及其他領域的高度專精人士，徵詢值得參考的相關意見。即使專業如律師也有不同領域之分，不必因為要向他人請教而覺得不好意思，你應該要在平常就多留意各領域的專業人士，並與他們培養良好的關係，讓他們成為你可靠的談判諮詢對象。

第三、和己方的人士進行討論。談判一旦失敗，往往是己方造成的，談判前的討論很重要，任何人都是你充實知識的來源，你可以藉此來強化自己的資料庫，並讓你全面掌握所有觀點，有助於提高談判效率。

除了利用上述搜集資訊的方法來厚實談判的實力，你還要讓自己像某個談判主題的專家，不過你不一定要真的是那個領域的專家。例如：如果你以前為某食品公司談判過，就會知道與食品業的互動模式，那麼你再有機會和食品公司談判時，就會在言談之間有專家的樣子。成為談判主題專家的方法很多，不論是請教專家、依靠你過去的經驗或是向同事學習，只要你在運用這些資訊時，顯得很有自信，那麼對方就會相信你。

川普就非常善於運用這些方法來讓他在談判中占優勢，畢竟談判是個「拿一點，取一點」的過程，你希望展現出你的專業感也是對談判用心的表現，進而讓對方感受到你的誠心。事實上，對方也一樣會希望在你的面前表現得像專家一樣，這都是談判的必經過程和模式，但準備愈充足的人勝算就愈大。

川普名言

「談判中資訊就是力量，取得對方不知道或不想讓你知道的資訊，有助於釐清議題，找到行動的根據。」

靈活運用談判彈性

川普始終懂得該如何作生意，他看得很遠，極具前瞻性，因而總能找出對方需要什麼，然後以滿足對方和己方需求的方式達成交易，而這要歸因於他懂得靈活運用談判的彈性。當談判遇到異議或是陷入僵局不一定是壞事，有時候反而是重整交易的契機，所以不一定要在這時候離開談判桌，甚至一走了之讓談判破局。除非成交的希望渺茫，不然只要抱著開放的心態去克服異議或打開僵局，就可能讓談判繼續下去。

有一次，川普針對川普簽名男性服飾的授權和梅西百貨談判，當時梅西百貨希望擁有獨家專賣權，但川普卻以不提供任何單位專賣權為大前提。不過由於梅西百貨是全美最大的零售商，並且堅持要專賣權，後來，川普因而改變談判前提，但他同時也要求對方要保證銷售該商品的最少店家數、店面最小的展示間以及特定的廣告預算。儘管如此，梅西百貨仍然不願意，他們始終想主控談判，主張銷售相關事宜由他們全權處理和決定，川普這一方不需要有任何主張。最後，川普和對方的經銷部主管和執行長談過後，決定放棄他大部分的經銷控制權，因為他確認對方會全心全意銷售該系列商品，這對他是有利的，所以就作出了各種讓步。

談判的方式沒有對或錯可言，當某種方法行不通時，就換其他的作法，一直到得到希望的反應為止。談判遇到異議或陷入僵局，就必須找出雙方都可以接受的方式，這樣能夠提高交易彈性，不會讓交易走到毫無希望的地步。如果你在跟對方進行談判時，對方會打斷你的話、提高音調、顯得不耐煩的樣子，這時你就要趕快提出一個具彈性空間的訊息，讓對方根據你的想法作些回應。另外，要特別注意，當對方音調提高時，你千萬不要跟著提高音調，反而要降低音調，輕聲地邀請對方聽你說一個他會喜歡的想法，如此一來，就可以讓對方想要專心傾聽。只要對方願意聽你說話，就有機會達到雙贏的交易，這就是運用彈性空間讓談判繼續的方法。

另外，假如雙方始終堅持自己的條件，讓談判陷入僵局，那麼就可以請中立的第三方居中斡旋，有時候談判的雙方會有盲點，第三者提出的方案反而輕易地解開爭執點，讓雙方恍然大悟自己怎麼沒有想到，說穿了，這往往是雙方自尊心作祟的關係或是太堅持，因而讓彼此看不到不一樣的出路。

川普在與梅西百貨的談判時，憑藉敏銳的生意直覺，願意一直修改自己的授權協議，結果最後的行銷和銷售利益比他當初設定的還好，而梅西百貨也如願取得川普簽名西裝的獨賣權，這是個彈性調整條件獲得雙贏的成功談判。

> **川普名言**
>
> 「當談判遇到異議或是陷入僵局不一定是壞事，有時候反而是重整交易的契機。」

談判前的充分準備

談判前要有詳盡的計畫和策略，而且要有充分的準備，你愈熟悉談判的議題和市場、愈了解對手的背景和名聲，談判時就愈加占有優勢。川普和知名節目製作人馬克伯奈特一起製作了《誰是接班人》節目，然後和美國國家廣播公司（NBC）針對播映權進行談判，由於川普很清楚談判參與者的立場，因此談判進行得很順利。

當時，《誰是接班人》節目有個很有趣的製作背景：其實伯奈特是極受歡迎真人實境秀節目《我要活下去》（Survivor）的節目製作人，他原來預計將節目在美國國家廣播公司播出，但對方沒有意願，後來在哥倫比亞公司（CBS）播出，結果節目一炮而紅，美國國家廣播公司除了後悔當初拒絕該節目外，更因而對真人實境秀感興趣。因此，伯奈特又製作了《誰是接班人》節目，並邀請川普演出該節目。川普知道伯奈特要借助他讓節目更有可看性和指標性，就以成為節目合夥人為條件的大前提，答應了伯奈特的邀約。

川普和伯奈特在與美國國家廣播公司談判時，在座的人都是談判高手，而且川普也和美國國家廣播公司的主管關係良好。事實上，這場談判的雙方對彼此的想法幾乎已經胸有成竹，尤其川普那一方很了解對方希望播出這個節目，是因為對哥倫比亞公司成功播出《我要活下去》節目感到眼紅的關係，因而促使談判進行得快速順利。最後，川普那一方只願意交給他們美國境內的專屬授權，在世界其他各地的播映權則保留給自己。後來，川普和伯奈特因此獲得數百萬美金的美國境外地區播映權。

這筆交易的成功是基於「川普知道伯奈特需要自己讓節目發光」、「川普和伯奈特知道美國國家廣播公司需要一個真人實境秀節目」這兩個事實，從這個案例可以看出在談判前以及談判過程中知道愈多事情，對談判結果的控制能力就越大。即使是像這個案子在談判前已經掌握確定的資訊，仍然要在談判前作充分準備，包括確立目標、規劃策略、沙盤推演並評估自身的實力，還有盡力挖掘與對方相關的資訊。

你可以藉由自問下列六個問題，來檢視你的準備是否完善：

第一、你預計在談判時說什麼？

第二、你對談判另外一方的期待是什麼？

第三、你準備如何回答對方的問話？

第四、萬一談判陷入僵局，你要說些什麼？

第五、你願意且能夠給予哪些讓步？

第六、誰會坐在談判桌和你談判，他們的動機各是什麼？

別忽視這些問題的重要性，這都是你在任何一個談判可能會遇到的情況，所以，你要在心裡先沙盤推演好，這就是充分準備的基礎。

川普名言——「談判前要有充分的準備，你愈熟悉談判的議題和市場、愈了解對手的背景和名聲，就愈有優勢。」

展現個人專屬的談判風格

川普總是在談判時展現出他獨特的個人風格，所謂川普的談判風格就是遠見、大膽夢想、熱情、幽默、誠心與信守承諾。事實上，每個人都有自己的個性和行事風格，在談判中很輕易就會流露出，就算要掩飾也不是很容易。所以，你可以將個人的風格當成談判的基礎，在上談判桌後，再根據對方的風格作適當的調整，不過，在配合對方風格的時候，不要融入得太過頭，否則會讓對方覺得你似乎有意模仿，反而會有反效果。例如：如果對方講話一直引經據典，而你並非文科領域出身，不是懂很多成語或典故，就不要刻意模仿，否則很容易會被識破，反而會引起對方的反感，覺得你不是很有誠意。

在談判時，要忠於自己，那代表你必須忠於你的出身和教育背景，千萬不要對自己的背景感到不自在，因為你不應該在談判桌上對自己缺乏自信，況且如果是大型談判案，對方大都也研究過你，因此，你更不需要隱藏，反而要根據你真實的背景創造個人的專屬風格。

另外，你也可以根據談判現場的氣氛來變化談判風格，例如：現場充滿幽默的談判情境，你就把所有聽過的笑話拿出來運用；如果現場的語域適合使用淺白的措辭，就不要用專業術語或太深奧的字，讓對方產生困擾。總之，一個談判高手懂得分辨談判過程中，哪些事情可以作？哪些事情不可以作？川普就是箇中好手，他不但能像變色龍，又不失自己的風格。

當然我們不可能只會遇到友善、誠實的談判對象，事實上，在談判時，我們經常會遇到不好應付的談判對象，使得談判氣氛變得很不愉快。對付這些不好應付的人，你一樣要展現出自己的風格，因為這代表你的自信。但你還是必須尋找出對付他們的方法，讓談判順利進行。其實，難應付的人大致上可以歸納成三大類型：自以為厲害型、難下決定型以及威脅恐嚇型。

首先，如何應付自以為厲害型？你要表現得非常謙虛，然後不斷奉承他，他一旦認為你把他當成權威時，就會鬆懈防衛心，接著在談判中你要刻意給他很少的資訊，然後持續跟他說「這些你應該早就知道了」，如此一來，可以避免和這種自以為是的人辯論，又不會惹惱他，同時談判又可以進行。

其次，難下決定型的對付方法是，你們已經討論過也達成共識的事，就不要再回頭討論，因為這類型的人會猶豫不決，不要讓他有機會反悔。另外要時常寫信給他總結談判的目前進度，並列出雙方討論過也達成共識的要點，如此一來，如果他又反悔，你就可以說已經寫過信跟他說了。

最後，該怎麼對付威脅恐嚇型？你要保持態度低調但堅定，對方一旦威嚇你，你千萬不要慌亂不安，繼續保持低調但堅持立場，這樣他就知道你不受壓迫，了解你不受威嚇，以後就不會再恐嚇你。

川普名言

「川普的談判風格就是遠見、大膽夢想、熱情、幽默、誠心、信守承諾。」

PART 04

用狠勁夢想，用智慧達成

放大夢想不用花一毛錢

夢想有多大，成就就有多高。夢想始終是驅動川普不斷往前的重大力量，他二十七歲時開始在曼哈頓經營自己的房地產事業，所有人都不看好曼哈頓，認為他不會成功。然而他第一個成功的大型開發案，就是將曼哈頓老舊的船長飯店改建成君悅大飯店，他依靠的正是夢想的力量，該開發案不但帶動紐約市中心的繁榮，更證明他具有遠見和能力。川普總是會用想像力去看見願景和夢想，然後以不滅的熱情、永不放棄的毅力和努力不懈的態度去完成它，誠如他說的「放大夢想不用花一毛錢」，為什麼不把夢想作大呢？

川普於今年六月宣布競選二零一六年美國總統大選，這又是一次放大夢想的作法。事實上，任何只要是下定決心要追求的事物，不論過程如何艱辛，他都會全力以赴，因為他知道夢想愈大，努力的代價就更高。儘管他必須先從共和黨黨內初選一路過關斬將，取得代表共和黨參選的權利，才能進入更激烈的兩黨競選階段，但他初步的表現已經有不錯的成績，由於他善用議題引發媒體和大眾對他的注意，因而在民調上，從宣布參選後始終領先其他參選人，讓他離夢想又更近一步。

夢想如果不去實現就是空想，而在執行的過程更要有永不放棄的決心，才能享受到完成夢想的甜美果實，因為成功永遠追隨著跑到最後且沒有倒下的人。然而，有些人卻在短暫挫敗時放棄夢想，拿破崙希爾在《思考致富》一書中，記錄了下列這個故事。

故事的主人翁是德比先生，他和叔叔在美國淘金熱時，也加入淘金行列。他們挖了幾個禮拜之後，辛苦終於有回報，他們挖到金礦了。但因為要借助機械才能把含金的礦石運上地面，所以他們把挖到的金礦藏好，然後趕回家鄉告訴親戚和幾個鄰居挖到金礦，希望大家能一起湊錢買機器把礦石運出來。後來，他們將礦石載到一個煉金師那裡，煉出的金子證明，他們挖到蘊藏量豐富的大礦脈了。

於是，他們繼續努力去挖掘，希望能找到更多金礦好還清積欠親友的債務。但是，不知道為什麼礦脈竟突然消失了，儘管不斷地往下鑽，仍然找不到新礦脈，於是他們決定放棄。接著，只以幾百塊美金的代價把昂貴的機器賣給收破銅爛鐵的人，然後坐火車回家。沒想到那個收廢鐵的人請來採礦工程師探勘礦脈並重新估算，結果估計只要再多挖三尺，礦脈就會重新出現，最後，這個收廢鐵的人因而賺進千萬美金。

川普說困難和失敗往往是成功所戴的假面具，千萬不要在遇到挫折時就放棄，事實上，我們經常像上述的故事一樣離金礦只有三尺，所以，遇到困難時，就要告訴自己可能離成功不遠了，沒看到成果絕對不要放棄，這樣才能實現夢想。

川普名言——「夢想有多大，成就就有多高。」

知道自己的價值，不要自我設限

川普認為我們不應該只知道東西的價格，而對其價值一無所知，這就像看待自己一樣，要了解自己的潛力和內在的價值。川普除了是成功的房地產開發商、生意人、高爾夫球開發商、電視節目製作人、電視名人，還是亞馬遜暢銷書作者的常勝軍，這些都是他不自我設限所帶來的成果，他總是躍躍欲試地嘗試各種領域的事業，因而獲得多面向的成功。

川普看重的是自我挑戰，尤其他事業那麼成功，早就不需要為錢工作，但他仍然為完成目標和追求理想感到興奮。他總是不停地向前邁進，不斷地挖掘並發揮自己的潛力。今年已趨七十歲的他參選二零一六年美國總統，如果成功當選，他就會步入政壇，人生的成功紀錄又添加一筆；就算不成功，相信他也會秉著不屈不撓的個性，記取經驗，下次再來，因為他相信永遠不要自囿於學識、經驗、年齡……就能創造出不凡的價值。

《阿凡達》全球票房高達二十七億美金，是世界賣座冠軍電影，導演柯麥隆說：「有年輕的導演問我做這一行的忠告。我說：『別自我設限。其他人會替你設限制，但你千萬別自我設限，別不相信自己，要勇於冒險。』」在這個世界上，不論任何領域，想要追求發展就要有所突破，但突破往往需要創意，有時甚至要冒險去執行創意，然而，創意來源歸根究柢就是不要設限，因此，不要設限和成功人生有著良性循環的關係。

不要小看不自我設限所帶給你的力量，小到生活選擇中的新嘗試到事業規劃的新方向，運用不自我設限的作法，能夠讓你體會到柳暗花明又一村的神奇力量。例如：生活中我們經常會遇到因為堅持要做某件事，而與家人或朋友鬧得不愉快的情況，這時如果願意放開自我設限，結果就會不同，你會發現沒有一定要怎麼樣世界才會運轉；又例如，你一直夢想要開家咖啡廳，但日復一日，其他有同樣夢想的人早就成為咖啡廳主人了，你卻繼續在公司天天受氣，始終下不了決心，原因是對自己沒信心，覺得自己一定會失敗。事實上，任何人做任何事都有失敗的可能，但你一定要承受風險，即使太空船升空那麼精密執行的任務，也沒有每次都成功，難道他們就因此退怯嗎？

如果你想探索自我、進而看見自己的價值，就要放開自我設限的枷鎖，像下列故事裡的鷹一樣。有一個獵人抓到一隻幼鷹，把幼鷹帶回家和雞一起養。這隻幼鷹因而以為自己是隻雞。後來幼鷹長大，獵人想把牠訓練成獵鷹，但牠因為每天都和雞在一起，變得沒有飛的欲望了。最後獵人只好把牠帶到山頂，然後用力扔了出去，剛開始鷹直線落下，但在慌亂中拼命撲打翅膀，因而驅使牠飛翔，接著牠果然像隻鷹一般飛了起來。就是像這樣，如果你想要高飛，就要展開內心鷹般的翅膀飛翔。

川普名言

「不要只知道東西的價格，而對其價值一無所知，就像看待自己一樣，要了解自己的潛力和內在的價值。」

不斷吸收並接受新事物

川普因為小時候略帶攻擊性而被送到軍校，在軍校接受過無數的挑戰和訓練，他因而學會了不要輕易訴苦、找藉口，更不怕挑戰，這就是他在往後的人生拒絕認輸、不斷前進的原因。然而，在講究紀律的軍校，卻意外地讓他領悟到要不斷吸收、接受新事物的機緣，川普認為學會這個道理非常有價值，讓他的人生受益匪淺。

那時他有個同學是歷史迷，很入迷地獨自研究著第二次世界大戰。有一天，川普跟他說：「你投入那麼多時間鑽研第二次世界大戰，一定是這方面的專家。」可是，這個同學的回答，讓他終生難忘：「花了那麼多時間研讀，讓我明白自己不懂的事竟然那麼多。我為了瞭解第二次世界大戰，必須回頭研究第一次世界大戰，接著再研究第一次世界大戰前的世界局勢，真的是研究不完。」最後那位同學告訴川普，研究歷史讓他變謙虛，他因而知道自己有那麼多事情不懂，而這也是川普不斷接受並吸收新事物的原因，這種態度也為他的事業帶來了很多創意的靈感和事業的豐富性。

台大哲學系教授傅佩榮過去曾經師承現代著名史學家余英時，他對老師博大精深的學問非常佩服，所以，在學成那天終於忍不住請教老師，他為什麼那麼有學問？是用什麼方法達到的。余英時回答他：「我每天會在睡覺前問自己今天學到了什麼？如果沒有學到什麼，就會立刻拿起書來讀，就算讀半小時也好。」同樣地，我們也可以每天這樣質問自己。具備了這樣的心態和習慣，就能夠讓人以開放的心態學習更多新事物，這時你就會發現，原來周遭有那麼多知識和學問值得學習，透過學習你就能不斷提升自我價值，而這同時也是事業成功，達成夢想的關鍵。

川普在軍校時對歷史著迷的同學，影響了川普往後的人生，讓他建立起喜歡吸收新事物的態度，也引發他對歷史的喜愛，進而經常研究歷史，這其實就是透過周遭生活讓我們學習新事物的契機。歷史讓川普了解到，透過歷史，我們可以看到事情的全貌，而且歷史不只是過去的事，更是現在正在發生的事，因而我們可以鑑古知今，從歷史看見事情的發展方向，以及處理事物的智慧。由於川普的媽媽是愛爾蘭人，因而他對愛爾蘭一直有好感，更實際去研究愛爾蘭的歷史，希望藉此多了解自己的血統，結果意外發現，高爾夫球運動源自於愛爾蘭，他發現或許這就能說明他為何那麼喜歡高爾夫球運動的原因，沒想到學習新事物會讓人進步，還會帶來驚喜的發現。

川普名言

「不斷吸收、接受新事物能夠提升自我價值，而這也是事業成功，達成夢想的關鍵。」

開放的心，創意的思考

生意和創意有關，好的生意都結合創意。「那麼如何才能成為有創意的人？」川普思考過這個問題，結果他得到的答案是「保持一顆開放的心」。川普認為儘管事業成功要依靠對局勢有良好的判斷力，以及勤奮努力的態度，但是，要獲得創意就要有天馬行空的想像力，用開放的心去思考、探索創意。因為事實上，人們並沒有真的從無到有創造出什麼，而是重新組合創造出更多東西。就像牛頓所說：「如果說我看得比別人更遠，那是因為我站在巨人的肩上。」川普明白一個偉大的心智，需要有各式各樣想法的衝擊，而抱持開放的心，就能夠將不同的想法重新做最好的組合，讓你在逐夢的路上有源源不絕的創意資源。

賈伯斯說：「創新來自對一千件事情說『不』，唯有如此，才會確保不會誤入歧途或白白浪費。」賈伯斯小時候，鄰居家的老先生有一台石頭拋光機。有一次，那位老先生示範給賈伯斯看，只見老先生把一顆顆的石頭丟進去，頓時石頭在機器裡互相摩擦砥礪發出很大的聲音，賈伯斯覺得很吵。第二天，老先生把拋光過的石頭拿給他看，他完全不敢相信原來石頭可以變得那麼漂亮！這件事情讓賈伯斯印象深刻，他因而體悟到，如果要產生很好的創意，過程中大家難免會因意見不同發生爭吵，就像石頭正在拋光時發出很大又刺耳的聲響，但是，之後卻可以磨出漂亮無比的石頭。所以我們要用開放的心，才能容納消化不一樣的意見，進而打開創意之門。

賈伯斯在蘋果時暴君的脾氣大家都耳熟能詳，但同時他也是善解人意又討人喜歡的好上司，是個極具魅力的人。賈伯斯對於他認為做得不夠好的案子，會用很難聽的話罵人，感覺他快被氣瘋了，但是蘋果的員工一方面樂於被他罵，因為這樣才會激勵自己做出更棒的東西；但另一方面，又怕他生氣，因為他們知道賈伯斯標準很高，所以不想要讓他對自己的表現感到失望。

創意或創新往往是一個產品或一個公司的靈魂，一個不在乎或失去創新能力的公司，會生產出許多平庸、取代性高的產品，反之，如果產品在策畫時每每會考慮創新性，就會經得起市場的考驗。蘋果的產品不在乎是否是市場首先推出的同類產品，但會要求是同類產品中最好的，而且他們不會排斥用已知的發明重新組合成最棒的產品，此外，蘋果產品的開發會以人文思考為出發點，而這也是其他產品難以企及的最大創意特色，更是吸引消費者趨之若鶩的主要原因，由此可見，創意重不重要？創意能力值不值得培養？答案已經不言而喻了。

川普名言

「人們並沒有真的從無到有創造出什麼，而是重新組合創造出更多東西。」

獅子為存活而獵物，人卻只為高興害人

川普是個信守承諾、注重商譽的人，他不會騙人，所以討厭別人欺騙他。因此，只要有人在騙他，他一定把對方揪出來，並加以報復，這樣不但可以讓對方不敢再騙他，同時也是在警告其他人不要騙他。根據川普的觀察和經驗，你只要成功了，小人就會尾隨而來，如果你沒有勇氣反擊、報復，別人就會以為你可以任意被擺佈，就算欺負你、利用你、對你不敬，你也不會還擊。

事實上，這個世界像個叢林，你是文明人，但別人可能是獅子、老虎，隨時準備對你不利。要知道獅子、老虎是為了食物而獵物，而別人想辦法傷害你、破壞你的計劃，卻只是為了高興，就算是你的朋友，都可能貪圖你的職務、你的房子、你的錢財，更何況是敵人。因此，你要隨時隨地提防小人，一旦被欺負，就要用智慧有效反擊，讓別人敬畏你。

川普在一九八零年代時，雇用過一位原來擔任公職，薪水微薄的女士。當時川普對她的觀察和認識是：他覺得她很聰明，經過他的教導後，應該會在房地產業有出色的表現。後來他讓她在川普集團擔任重要職務，經過一段時間之後，她果然成為具有影響力的人物，而且從原來一無所有，搖身一變為有房階級。

接著，到了一九九零年代，川普因為欠銀行數十億的債務，所以當時他拜託她牽線，幫他打電話給在銀行界的好友，她竟然跟他說：「川普，我不能那樣作。」她的態度讓川普覺得被背叛了，於是川普開除了她，她便離開公司自行創業。後來這位女士生意失敗了，連房子都賠掉，先生也離開她，因為他先生當初就是為了錢跟她結婚。

接續的幾年，許多人打電話問川普，她是不是值得雇用，他都不建議他們用她。最後這個女士屢次打電話邀約川普一起用餐，他從沒有回過一次電話。川普就是無法原諒她的背叛，他當時那麼提攜她，幫助她脫離沒有前途的工作，鼓勵她、教導她，讓她能在房地產業闖出成績，最後竟然連幫忙牽線也不願意，所以，這是川普對她的報復，讓她知道忠誠的價值。

許多人由於個性本身不具攻擊性、缺乏勇氣、顧慮人際關係，或是職位太低的關係，經常被欺負了，還不願意還擊。

其實，如果忍讓行得通，當然要以和為貴，但是，如果行不通，你還是要像川普那樣，考慮得全面且久遠一些，因為就算你不主動欺負人，也要有保護自己的能力，否則等到別人認為你好欺負，你的麻煩將會更多。那麼怎麼算是自我保護呢？很遺憾地，自我保護就是川普所謂的反擊，其實反擊和忍讓都是很難得到的智慧，要經過摸索和學習才能夠培養出這種能力，但只要你在商場或職場上一天，就必須不斷增進這樣的能力和智慧。

川普名言

「你只要成功了，小人就會尾隨而來，如果你沒有勇氣反擊、報復，別人就會以為你可以任意被擺佈。」

勇敢擊敗恐懼

川普認為恐懼會讓事情比實際狀況來得嚴重，所以，不要讓恐懼在你的人生中出現。不過，你要分清楚那是擔心還是恐懼，因為擔心是種不放心、不安心的感覺，比恐懼還容易從心中移除；恐懼則是深植於內心的擔心，已經影響到思考判斷。事實上，內心有擔心時就要積極面對處理，否則會製造出更多恐懼。

那麼要如何消除擔心和恐懼？川普主張要相信自己一定能夠處理好你所擔心或恐懼的問題，然後用具體的行動來克服。進一步的說，如果你現在內心有許多擔心或恐懼的事情，你要將令你擔心或恐懼的事情一件一件分開來思考，然後想出解決的方法和行動策略，接下來就落實地去執行，這就是面對恐懼的有效方法。在川普的觀念裡，一個創業的人，本來就必須自己完成很多工作，要有隨時親自動手的心理準備，當然也包括消除員工、客戶或自己內心的擔心或恐懼。

我們要將克服恐懼，當成是讓自己改頭換面的大好機會。拿破崙・希爾在他八十四歲完成的《心靜致富》一書中說：「當你對什麼恐懼，那樣東西就比較容易找上你並傷害你。但如果你正視恐懼，確信自己能夠克服得了，此時神奇的力量就會助你一臂之力。」根據拿破崙・希爾的分析，人生有七大恐懼會影響我們追求富足人生，包括恐懼貧窮、恐懼批評、恐懼不健康、恐懼失去愛、恐懼失去自由、恐懼年老、恐懼死亡。其中恐懼貧窮、批評和年老跟事業的關聯性較大，所以，下列將就這三點進一步探討。

很多時候對貧窮的恐懼，往往是一種認為那是老天注定要你貧窮的自我制約。因此，希望擺脫貧窮，就不要怨天尤人，一定要從發至內心希望自己富裕起來，並把這當成擺脫恐懼貧窮的起點，唯有勇往直前，才能克服對貧窮的恐懼。

恐懼批評的人大都不願意提出自己的看法，因為這樣就可以避免遭到反駁，但如此一來，反而會讓人失去想像力並壓抑自己的才能。我們會發現事實上，許多成功的人都受到很多議論和批評，但如果當初他們害怕批評，就無法完成那些成就。因此，你要把批評和建言分辨清楚，如果是建言就參考，如果是惡意的批評就別在意。

年齡往往會讓人自卑，但是，我們會發現智慧會隨著年齡增長，這就是歲月帶給我們的禮物，而這是老天沒有送給年輕人的，所以不要再為青春不再感到自卑，你一樣可以有顆年輕的心，然後帶著上天給你的智慧，依然做一個四處參加活動、充滿活力的人。

川普名言——「恐懼會讓事情比實際狀況來得嚴重。」

總是有人批評

川普的成功和高知名度為他帶來許多讚賞和批評，面對讚美當然就欣然接受，當作是對他辛勤工作的鼓勵；至於批評，他有一個很睿智的處理方法：他讓自己的品牌和商譽與高品質畫上等號，於是別人愈是批評，只會愈凸顯川普品牌的高品質，以及為高品質所做的努力和把關，反而無法傷害到他。

川普知道樹大招風的道理，就算他沒做什麼，媒體還是要批評，所以，他進而將媒體的報導視為免費的宣傳，有時候，更是高明地運用媒體喜歡炒作議題的特性，讓自己成為媒體追逐的對象。不但能夠藉此說明自己的理念，更能夠提高知名度，例如他在參選總統的造勢上，就是運用這個方法，果然讓支持率居高不下。但另外值得一提的是，川普在媒體前的發言總是說真話，最起碼是他自己認為的真話，而正因為如此，所以經得起檢驗，說真話其實是最聰明的炒作方法。

希臘哲學家蘇格拉底因為追求真理、敢說真話，得罪了希臘人，他在面對被處死的厄運時，只說：「你們若殺了我，就很難再找到像我這樣的人。我是神賜給這個城邦的牛虻。牛因肥大而懶惰、遲鈍，需要牛虻的刺激。」這是從另外一個角度來看批評，因為批評也是有好的，而且很可能是像蘇格拉底這樣經過深思且出於好意的建議，我們應該多加參考採納。當然，世界上沒有幾個人願意像蘇格拉底一樣，魏徵也算是一個，唐太宗接受了魏徵的各種諫言，他們一個敢說，一個願意採納，才有了令人稱頌的貞觀之治。

在中國古代也有一個關於批評的故事，其中隱含著容易令人忽視的道理。有一天，墨子的弟子耕柱子不小心犯了一點錯，墨子卻非常嚴厲地責罵他，耕柱子覺得很委屈，於是跟墨子說：「我犯的錯誤沒有比別人多，為什麼老師要這樣指責我？」墨子聽了便說：「如果你要上山，有一匹馬和一隻羊，你會選擇鞭打馬還是鞭打羊呢？」耕柱子回答：「我當然要鞭打馬。」墨子接著問：「你為什麼不鞭打羊呢？」耕柱子說：「因為馬跑得快，才值得鞭策。」墨子說：「我責罵你就是因為你像馬而不像羊！」這個故事說明了公司主管或師長對你的批評，或許是恨鐵不成鋼的督促，就像賈伯斯總是會像暴君一樣罵他的員工，就是希望他們做得更好。

綜觀上述的故事，我們會發現批評也不見得全部都是出於惡意的批評，重要的是你要能夠判斷，那麼要怎麼判斷？最簡單的方法是看對方是什麼地位的人？名聲如何？性格特徵？跟你是甚麼關係？這樣大概就推敲得出來了。

川普名言——「反駁批評最好方法是，讓自己的品牌和商譽與高品質畫上等號。」

世界上沒有小事

有次某個工程款莫名其妙花了很多錢，川普極不高興，從此以後，便開始親自開每一張支票，他每一個星期都有成堆的支票要開，但他認為這是重要的小事，讓他知道錢花在什麼地方，而且成本因而減少了15％。還有，川普也會把例如浴室洗手檯等開發案要使用的東西，擺放好幾款在辦公室裡連續幾個禮拜，然後請每一個來辦公室找他的人提供意見並詢問原因，這樣不但可以找到最合適的款式，也能夠了解每個人的品味。

最有趣的是，川普於一九八七年出版第一本書《交易的藝術》（Art of the Deal）便成為暢銷書作者，沒想到那本書影響了《誰是接班人》的製作人馬克伯奈特，他原本在加州的海灘賣T恤，因為看到這本書，而開啟了不一樣的人生。另外，由於書很受歡迎，因此有一個加拿大人寄給他一份當地報紙，裡面刊登一張流浪漢的照片，那個流浪漢正坐在雜物堆中專心看著《交易的藝術》。後來，川普寄了一張支票給這名流浪漢，川普想要傳達給他的訊息是：「祝福你，也希望你好好奮鬥，我明白謀生不容易。」對川普來說，一張支票只是件小事，但卻富含重要的意義。

小事的神奇的力量，來自於時間的魔法。你曾經做過的小事，在適當的時間，就會讓你知道那件事的意義。一個商人有次出差，在城中遇到許多小乞丐，當他把口袋的硬幣分給他們時，卻看見不遠處有個男孩高舉著一塊牌子，上面寫著「我想要一個擦鞋箱」，男孩的年紀大約十三四歲，儘管衣著破舊卻很乾淨。於是商人走過去問那個男孩需要多少錢，他回答：「一百二十五元。」商人說他這個價錢太貴了，男孩說並不貴，因為他已經去批發市場看過四次了。接著問明之後，商人才知道原來他已經存到三十五元了，於是商人將不足的九十元補上。然後告訴男孩這九十元算是投資他，所以，他們是合夥人了，並且約定男孩要在他停留在這個城市的五天內，將九十元還給他，同時還要付一元的利息，男孩很興奮地答應了。

男孩對自己擦鞋的技巧很有自信，因為他在家裡練習了一個月，由於農村裡大家都沒幾雙皮鞋，因此他一家一家去請他們把皮鞋拿出來讓他練習。男孩的生意還不錯，第二天就賺到五十塊錢，便還給商人十八元。很快五天過去了，這五天裡，男孩每天都能還錢，最後還清了九十元和一元的利息。商人離開時，男孩說等他大學畢業會去找他，說完便伸出小黑手和商人緊緊相握。

十五年後，商人的公司資金周轉困難。有一天中午，秘書說有個年輕人來找他，那個年輕人進到辦公室時，商人從他臉上看到當年擦鞋少年的影子。接著，他拿出一張五百萬元的支票，說：「我想投資你們公司，五年內利潤抵回[1]。」

1 這裡是指有利潤再「抵回」，還錢的另一種說法。

川普名言

「即使只是一件小事，也富含重要的意義。」

幸福

PART 05

幸福，不是財富和GDP

不為錢工作

川普把他的事業當成藝術，而根據他的多年體驗，作生意的確是一種藝術。所以他主張每個人都要用這樣的觀點看待自己的工作。為什麼是藝術呢？因為熱情才是讓人出類拔萃的力量，藝術家總是對自己的理想和創作抱持熱情奉獻的精神，不計較投入多少時間，並堅持不放棄要把作品完成並作到最好。還有，藝術家只跟自己比，他們廢寢忘食追求完美作品，只是為了和自己競爭，成就最好的自己。

川普認為同樣地，我們對工作和事業也應該如此，而這也是企業家的精神：對自己和事業有願景，並努力不懈去達成。藝術是獨特的，抱持作生意是一種藝術的態度，自然能夠成就獨特有創意的事業，而那將會是別人難以模仿的最好的自己，不但會帶給你成功的事業，更會讓你對人生感到滿足幸福。

賈伯斯在蘋果所管理的麥金塔團隊是一支「海盜團隊」，什麼是海盜團隊？那是賈伯斯對團隊作戰方式的期許，因為海盜比遵守紀律的海軍更靈活，凡事應變快，不在乎繁文縟節，而且衝勁十足，作事方法不拘一格。但最重要的是，當海盜比海軍快樂，海盜不但充滿了活力，而且樂在工作。

麥金塔團隊的辦公室裡，看上去像個雜亂無章的實驗室，也像是個幼稚園，裡面有一些員工在工作之餘喜歡玩的遊戲機和玩具，擅長樂器的員工甚至會把樂器放在辦公室，中午吃飯時即興演奏給同事聽。而賈伯斯就是這群海盜的海盜頭子，在他的帶領下，打造了傲視全球的成績。

荷蘭畫家梵谷則是用盡生命創作的藝術家，他的作品對二十世紀的藝術有很大的影響。他曾經是美術複製品商店的店員，經常因為堅持不是好畫不賣，而和顧客爭論。另外，他擔任過臨時牧師，因為看到礦工很窮苦，即使自己十分困苦，依然去幫助工人家眷撿煤。礦區的工人都非常尊敬他，但梵谷的上司卻認為這樣有辱佈道者的尊嚴，而將他逐出教會。後來，他畫了很多礦工的生活，陰鬱的色彩印染人心。

梵谷在人生道路上走得非常坎坷，因而常以繪畫宣洩內心的情感。他一生只賣出一幅畫，而且還是他弟弟幫他賣掉的，他死後幾十年才受到重視，但是他對藝術所投注的熱情，不但洋溢在畫上，也讓人感受到熱情不但能夠成就藝術，更可以促成任何事情。

賈伯斯二十三歲是百萬富翁，二十四歲是千萬富翁，二十五歲成為億萬富翁，但是錢從來就不是他工作的目的，他所思所想的都是公司和產品；梵谷生活艱苦沒有錢，但他也不為錢工作，只作他熱情所繫的事，現在他的作品價值連城，儘管他生前沒有享受到任何畫作為他帶來的財富，但是相信如果他在生前就成名，他應該也會說財富不是他作畫的原因。

川普名言

「作生意是一種藝術。藝術家只跟和自己競爭，為了成就最好的自己。」

除了賺錢之外的使命感

川普的致富法則是：努力作自己喜愛的事。但是不論作什麼事，都要替自己找到一個賺錢之外的使命感或更有意義的目的。他認為一個人必須擴展視野、以宏觀的角度看待自己的事業，不要只關心錢，而是找到更遠大的目標，盡可能為更多人創造美好的生活。這個道理再簡單也不過，許多創業家都會說，但是川普是真正的實踐者。川普從川普大樓可以俯瞰中央公園的沃爾曼溜冰場（Wollman Rink），這個溜冰場每到冬天就會充滿溜冰的人潮，構成非常美的景致，但是有一段時間關閉了六年，看著空蕩蕩的場地讓川普終於忍不住了。

於是，他顧不得這是個麻煩的修繕工程，寫信給當時的紐約市長，表示他願意在六個月內建造一個全新的溜冰場，市政府完全不用出一毛錢，這是他要送給紐約市的禮物。但是市長不領情，還把信在報紙上公開，不料媒體和大眾都很支持川普。市長於是轉變態度，最後協調讓川普執行改建案，如果川普能夠在六個月完成，而且預算最高不超過三百萬美金，市政府就會補貼川普成本，若超過就由川普自行吸收，也就是說，改造期間超過六個月，市政府不補貼，最後川普以低於預算的成本，提早一個月完成。

工作中的使命感除了是為了追求並實現更高遠的目標，也是一種工作態度。許多員工都有「老闆出國了，我為什麼加班？加班的人是傻瓜。」的心態，對工作付出的多寡完全要看老闆在不在，而且有些人還會趁老闆不在公司時就翹班。事實上，如果你對工作有熱情，且懷抱著願景，那麼不管老闆在不在辦公室，你依然會專注工作，而且樂在其中，展現出你的使命感。事實上，使命感也可以用來檢視工作對你是否具有意義，如果你對工作缺乏熱情，自然很難有使命感，整天只想著偷懶，這樣不只是在浪費時間，且不會有工作成績，最重要的是，你失去了讓人生感到幸福快樂的動力——熱情。

當然並非犧牲休閒生活，夜以繼日工作，抑或是貢獻社會才是使命感的展現，一個人只要能夠認清自己的目的或目標，並能因此讓生活更有意義，就是使命感。就像香港知名樂團 BEYOND 團員黃貫中說：「我對社會沒有使命感，因為我不覺得自己有這種能力，對於一個常常躲在家裡彈吉他的人是沒所謂使命感這回事的。我唯一的使命感只會體現到對待 BEYOND 的樂迷身上。是他們造就 BEYOND 的，所以我只會對他們負有使命感。如果我不能滿足他們的期盼，我便會感到不快樂，這就是我的使命感。」他的使命感多麼平實簡單，卻非常值得追求的。

川普名言

「努力作自己喜愛的事。但是不論作什麼事，都要替自己找到一個賺錢之外的使命感或更有意義的目的。」

經常有感謝的想法

每年在猶太新年的前一天，川普都會接到一個猶太拉比[1]從洛杉磯打電話給他，表達他的謝意。這位拉比每年打電話給川普，是因為在一九八八年，拉比夫婦的三歲兒子生了奇怪的病，全洛杉磯的醫生都束手無策，必須到紐約就醫。後來，拉比打電話詢問川普能否借他私人飛機，因為醫院維生系統太大，航空公司都不願意載。川普知道原因後立刻答應，他派專機將他們接到紐約，儘管後來孩子還是沒有戰勝病魔，拉比夫婦對他的幫助依然念念不忘，每年都致電感謝，讓川普非常感動。他的

1 猶太語，指學者、智者或老師。

感謝電話也讓川普想起生活中，有很多值得懷抱深切感激的事，懂得感謝，會讓心變得更寬廣、生活更快樂。

美國前總統柯林頓、黛安娜王妃的個人顧問，同時也是美國成功學家安東尼羅賓（Anthony Robbins）說：「成功的第一步是要先存有一顆感恩的心，時時對自己的現狀心存感激，同時也要對別人為你所做的一切懷有敬意和感激之情。於是，一個人在承蒙周圍的人關愛與幫助時說一聲『謝謝』，意義就顯得格外重要。」然而，會讓我們想要感謝的人，一定都是事業成功或富裕的人嗎？

有一個單身女子搬新家，隔壁住了一個寡婦帶著一個孩子。有天晚上停電了，她只好摸黑點蠟燭，忽然聽到有人敲門。原來是隔壁鄰居的小孩，神情緊張地問：「阿姨，請問你家有蠟燭嗎？」這名女子心想：「他們家該不會窮到連蠟燭都沒有？我才不要借他們，免得以後一直來借東西。」於是，她很不客氣地說：「沒有！」隨即準備要關上門，沒想到那窮小孩卻說：「我就知道妳剛搬家，應該沒有準備蠟燭。」接著，就送上兩根蠟燭，笑著說：「媽媽和我怕你一個人住，又沒有蠟燭，一定會很害怕。」她聽完，連忙謝謝這個小男孩，心裡為自己的成見感到羞愧，並領悟到幫助且關心別人的能力存於一顆心，不在於物質的多寡。

另外，美國總統羅斯福則將感謝化作生活中的智慧。有一次羅斯福的家裡遭小偷，丟掉很多東西，有一位朋友聽說這件事以後，便立刻寫信安慰他。羅斯福則回信告訴他：

「親愛的朋友，謝謝你寫信安慰我，我現在很好，我要感謝上帝：第一、小偷只偷了我的東西，而沒有傷害我的生命；第二、小偷只偷去我一部分的東西，而不是全部都偷走；第三、最值得慶幸的是，做賊的是他，而不是我。」家裡遭小偷絕對是令人感到不愉快的事，但是羅斯福卻找出三個值得感恩的理由，不但消除懊惱的心情，更安慰了朋友。

川普名言——「生活中有很多值得讓你感謝的事，且令你感動。」

家人就是幸福的財富

在許多人的心目中，川普是個很愛與人分享，行事非常高調的人，但是他卻幾乎沒有提起過他的姊姊。瑪麗安娜・川普・巴里（Maryanne Trump Barry）是聯邦高等法院的法官，而且她還受到前總統雷根的委任和前總統柯林頓的提拔。其實，瑪麗安曾經是全職媽媽，兒子讀六年級時才開始上法學院，畢業後她完全不依賴川普家族的影響力，當了四十年的檢察官和聯邦法官。瑪麗安娜是家裡最大的孩子，川普和她從沒有吵過架，她曾說，從孩提時代起，她就知道別與川普競爭，因為她不可能會贏他。對於川普競選總統所引起的爭議性話題，瑪麗安娜告訴他做自己不要改變，並稱讚他表現得很好，十分支持他。

川普的老家在紐約皇后區的富人區，自幼一家人的感情就非常好，川普也因而在自組家庭後，建立起美滿融洽的家庭，川普把兒女教得很好，他的兒子女兒都有腳踏實地的個性，而且能力過人。因此，不論是原生家庭或自己的家庭，都是川普無形的幸福財富，我們必須承認在這方面，他也非常富有。

你是不是為了忙於工作，錯過父母的六十大壽、錯過十周年結婚紀念日、錯過孩子的畢業典禮……而這些重要時刻，永遠都不會再來一次。人生的成功不是單一型態的，不要只用財富多寡來衡量，哈佛商學院教授霍華．史蒂文生（Howard Stevenson）在以追求完美的態度經營事業後，發現要接住幸福的球，不在球被拋得多高，而在於要接住每顆幸福的球。也就是說，除了財富，感到幸福快樂的情緒價值也一樣重要，必須好好接住它。

他曾經同時身兼公司總裁和哈佛教授，事業非常成功忙碌，因而忽略了對家庭的照顧。過了幾年以後，第一任太太對他始終忙於工作的生活非常不滿，所以離開了他和三個兒子。突然變成單親爸爸，他不但要經營公司、在學校教書、還要照顧家庭，但他實在無法同時兼顧，最後他選擇放棄千萬年薪、辭去總裁的職務，全心全力投入家庭，因而變得與兒子無話不說，關係非常好。他說：「離開管理職，對自尊和荷包都很傷，但是跟從小孩身上得到的情緒價值相比，實在微不足道。」

我們能夠選擇的家人只有親密伴侶，父母、小孩和其他親戚全部都無法選擇，但是無論是不是自己的選擇，都要學會如何跟他們相處，並經營和諧融洽的家庭關係，才不會在邁上成功的路上或成功之後，失去了寶貴的家庭或犧牲了與家人相處的時間，造成有錢卻不幸福的遺憾。錢失去了可以再賺，與家人的相處呢？可以再重來一遍嗎？所以，從今天開始，工作該停的時候就停，不要想再一下子就好，別再讓家人痴痴地等你。

川普名言──「我姐姐對我的表現非常驕傲，她要我做我自己。」

回饋表示你有能力

川普主張成功之後，接著就要回饋，包括回饋給社會的慈善機構、自己的國家，當然還有子女。川普經常捐錢給慈善機構之餘，更透過寫書來回饋，他認為把個人的知識和見解介紹給別人，是很重要的，因為他希望把成功的知識與人分享，可以幫助別人成功。因此，當你有了一定的身價以及某種重要性之後，不論用什麼方式，都可以開始回饋，這除了展現你的善心，更代表你的能力。

擁有財富和成功人生是什麼感覺？華人首富李嘉誠、世界首富比爾蓋茲和股神巴菲特應該是最有資格提供答案的人。對於華人首富李嘉誠來說，金錢並不是人生中最重要的，他屢次對人強調，金錢不是衡量財富的準則，更不能決定生命的價值。他認為每個人一生中都要扮演很多角色，但是他說：「我首先是一個人，再來才是一個商人。」並認為：「你只有做些讓世人得益的事，這才是真財富，任何人都拿不走。」為了實現「取諸社會、用諸社會」的理念，他設立了「李嘉誠基金會」，將個人財產的三分之一捐給「李嘉誠基金會」，作為教育、醫療、文化及扶貧等慈善事業之用。

另外，蟬連十幾次世界首富的比爾蓋茲擁有傲人財富，卻將超過百分之九十五的財富都將給予「蓋茲基金會」，作為慈善捐助之用。比爾蓋茲甚至很早以前就告訴自己的孩子，父母親的財產會捐給基金會，因為比爾蓋茲夫婦希望小孩可以自由去做想做的事，但又不會讓他們以為可以坐享其成。比爾蓋茲說：「基金會是我和太太覺得此生做過最滿足的事。畢竟再多的錢也帶不走，而且如果留給後代並不好的話，不如大家一起來想想還可以做些什麼事。」

擁有財富帝國的股神巴菲特則是在妻子離開人世後，開始了解什麼是最重要的，因而也改變了對財富的態度。他捐出百分之九十九的財富，把財富回饋給社會，他說：「創造財富的目的是為了分享。」跟比爾蓋茲夫婦一樣，他也告誡子女別期待從他身上獲得巨額遺產，因為他不願意他們坐享其成，更不希望讓他們毀於財富之中。

巴菲特的生活非常簡單，儘管富可敵國，卻幾乎每天去同一家快餐店吃同樣的薯條和漢堡。有人問他，你賺了那麼多錢，又把錢回饋給社會，當初為何要努力賺錢？巴菲特回答：「我很享受我的工作，我並不是為了賺錢而工作。我是在為成千上萬的投資者而工作。即使擁有很多錢也不會改變我的生活。」他認為一個有許多人愛的人，才是真正快樂的人。他作了一個妙喻：「如果你讓我選擇兩百億美金與愛我的二十個人，我會選擇愛我的那二十個人。」

川普名言

「你一旦有了一定的身價以及某種重要性之後，便可以開始回饋。」

尊重歧見，共享成果

習慣是人的第二天性，會變成一個人的特質。川普會花很多時間講電話，但他可不是在閒扯淡，這是他作大生意的方法，而且很有效率，這就是他這個人的特質和風格。對許多人來說，這是很不可思議的，甚至會認為怎麼會用這種方式做事。川普認為，一個人千萬不要覺得自己的方法是唯一的作法，而是應該要尊重歧見，保持客觀中立的態度，不要隨便貼上對或錯的標籤，更不要輕易在他人面前流露出喜惡的表現，這樣才能確保他人與你應對時的客觀性。

想要尊重歧見，保持客觀中立，就必須花時間去觀察和思考，才能作出正確的判斷，而這種獨立思考的能力也是各個領域有成就者的特質，他們所創造出來的成果，往往可以帶給更多人幸福、甚至改變世界，增進人類的進步，這就是一種共享。因此，面對生活中的歧見，他總是懷著感謝的心去看待，因為那種堅持的背後經常花了很多時間和努力，而且說不定有一天會創造出不可多得的成就，造福更多人。

我們可以自問「你希望在別人眼中，是什麼樣的人？」，然後就以那個目標為自己設立標準，只有你能為自己設立標準，其他人無法為你設立標準。以川普為例，當初他要將曼哈頓的船長飯店改建為君悅大飯店時，他的父親並不是非常能夠理解，但由於川普從大學時就一直在注意曼哈頓，所以，只有他最清楚為什麼要設定這個目標。後來在經過一番努力，飯店終於落成，帶動曼哈頓熱絡的商業氣息，大家便接受了他的標準。

除了尊重歧見，我們還要進一步自問「我有什麼創新的能力？」、「我從學校和經驗中學習到什麼，可以讓我成為有價值的人？」、「我是否具有潛力，且已經作好準備了？」當我們開始尋找這些問題的答案，便是在開創自己的價值。訂立出自己的標準、認清創造個人價值的方法、然後積極去完成，這樣會讓我們知道歧見不是不好的事，只要你懂得尊重每個人的標準，那麼就算這世界上充滿著歧見，那反而是人們的幸福。

還有，不要害怕歧見，因為那只代表你和別人或別人和你所設立的標準不一樣而已，事實上，歧見充斥在我們生活周遭，不論工作或日常生活上，與同事、朋友或家人、甚至世代之間，都會存在著許多的歧見，而且每個人對待或詮釋歧見的方式都不一樣，你必須尊重別人的歧見，同時也要堅持立場維護自己的歧見，只有這樣做，歧見才能會為自己、公司、家庭和社會作出貢獻，並引領你找到成功幸福人生的路，你應該在一路上因為能夠作自己和尊重別人作自己而感到高興。

川普名言

「千萬不要覺得自己的方法是唯一的作法，而是應該要尊重歧見，保持客觀中立的態度，不要隨便貼上對或錯的標籤。」

快樂的工作環境

川普的員工有跟著他作事二三十年的，他覺得自己運氣很好，能夠跟這些員工共事那麼久，他很喜歡他們，相信他們也喜歡他，這就是令他感到快樂的工作環境。也由於他秉持著「如果你要住在河裡，就要懂得跟鱷魚作朋友」的想法，所以，他和大家互相尊重、合作無間。

那麼如何互相尊重、合作無間呢？他用的方法是，找出對方的優點，認真找到對方讓自己欣賞的優點，因為每個人都有別人沒有看見的能力或潛力。還有，人們都不喜歡被低估，更不應該低估別人，即使川普，也有公眾形象之外的他。所以，不要執著於表面的印象，就能夠跟周遭人互動良好，讓工作環境更愉快且更有效率，因為跟自己喜歡的同事一起工作，是讓你愛上工作的好方法，使你在工作中找到快樂，因而更願意積極投入，作出令自己和他人滿意的成績，如此一來，將會形成良性循環的幸福生活。

現在要找到一個各方面都令人滿意的工作，並不是非常容易，我們往往無法挑選老闆，更無法挑選同事，這時，學會如何與人相處，就變得很重要，否則不但徒增工作上的阻力，更會將不好的情緒帶到日常生活，影響你下班後的人際關係，讓你的人生和生活變成壞情緒惡性循環所產生的不良結果。那麼，要如何與人相處？和諧相處的關鍵點是什麼？

星雲大師說：「人我相處之道在於彼此快樂，能如此才能安心、安住。吃、住方面的不如意尚且其次，不要太介意別人的一句話而煩惱，世間沒有什麼不可以的事，只要商量、溝通，站在對方的立場『體貼』一下，不以情緒處事，自然能和樂共處。」他還說：「世事如同棋局，有遠見者勝。有恩不求他報，凡事不要太過計較，忍不了時，用力再忍，『難忍能忍』，則一切均能如意自在。」

這是多麼通透的處世道理，替別人著想、不求回報、不計較、忍讓，這都是能夠讓人心安理得的相處之道，因為沒有一件事是要讓你對不起別人，作到這四點如果還沒有得到愉快的人際關係，也不要氣餒放棄，再繼續這樣做下去，相信明天或一個月後事情就不一樣了。你所作的一切努力，就算最後沒有影響周遭，對自己卻一定會有好的影響，千萬不要灰心，要相信成果遲早會降臨，不要在挫折時懷疑自己，人生不會都只有快樂，挫敗往往是戴著假面具的成功，珍惜並善用身邊所擁有的資源，並擁有突破困境、堅持下去的勇氣和毅力，最後一定能夠遇見幸福的自己，並找到快樂的人生。

川普名言——「認真找到對方讓自己欣賞的優點，因為每個人都有別人沒有看見的能力或潛力。」

國家圖書館出版品預行編目(CIP)資料

川普學：我是這樣獲得成功的 / 李棋芳著.
-- 初版. -- 新北市：大喜文化, 民104.11
面；　公分. -- (Hero ; 7)
ISBN 978-986-92273-1-5(平裝)

1.職場成功法

494.35　　　　104018913

Hero07

川普學：
我是這樣獲得成功的

作　　者　李棋芳
編　　輯　蔡昇峰
發 行 人　梁崇明
出 版 者　大喜文化有限公司
登 記 證　行政院新聞局局版台省業字第 244 號
P.O.BOX　中和市郵政第 2-193 號信箱
發 行 處　新北市中和區板南路 498 號 7 樓之 2
電　　話　（02）2223-1391
傳　　真　（02）2223-1077
E-mail　joy131499@gmail.com
銀行匯款　銀行代號：050，帳號：002-120-348-27
　　　　　臺灣企銀，帳戶：大喜文化有限公司
劃撥帳號　5023-2915，帳戶：大喜文化有限公司
總經銷商　聯合發行股份有限公司
地　　址　231 新北市新店區寶橋路 235 巷 6 弄 6 號 2 樓
電　　話　（02）2917-8022
傳　　真　（02）2915-7212
初　　版　西元 2015 年 11 月
流 通 費　新台幣 320 元
網　　址　www.facebook.com/joy131499